U0024135

Samsong

Sony Ericson

Nokir

山寨大革命經濟

iPhone Air

模仿為創新之母

The innovation comes from imitation.

彭思舟・許揚帆・林琦翔 著

Contents

序
身臨其境式的山寨體驗

　　《山寨經濟大革命》是由台北海院彭思舟教授、大陸IT經理世界雜誌許揚帆總主筆和我共同執筆完成。本書關注的是大陸山寨手機產業，但促成這個產業蓬勃發展，卻是兩岸產業專業分工優勢互補下共同合作的產物。這本書也是在類似的模式下誕生的。

　　在來大陸工作之前，我曾在《工商時報》和《經濟日報》寫專欄，把大陸電子產業發展的現況與市場機會介紹給讀者。同時，也在中央廣播電台，企劃並與談一個帶狀節目〈台灣產業看世界〉，定期從台灣產業的角度對大陸聽眾廣播。當時接觸大量的大陸電子產業的資料與資料，就驚訝這個市場的變化莫測：大陸手機企業從波導、夏新到TCL、聯想等獨霸的時間都不長，當產品數量和規模迅速擴大後，研發和管理往往就跟不上，造成財務和產品採購、研發、庫存等方面的黑洞，從而喪失了龍頭寶座。

　　改革開放以後，大陸許多的產業呈現跳躍式的發展，就通訊產業來看，在固定電話並未完全普及，行動電話就已經成為市場的主流，省略台灣通信發展的步驟，一般消費大眾使用無線的終端產品基本上就是直接一步到位。

在內需市場旺盛及政策鼓勵的雙重引導下，通訊產業逐漸建構出完善的產業供應鏈，然而整體經濟發展的情況，確實也存在有兩極化的收入與消費。山寨手機就是在中低消費內需市場旺盛，與行動通信市場產業鏈完整的雙重背景下誕生的，大陸廠商2003年開始製造生產有別於「品牌手機」的另一種「白牌手機」，2007年國務院宣佈取消手機生產核准制後，少數的山寨機還開始有自己的品牌，像極了我們早期自己買來的組裝電腦。在深圳有好幾個比台北光華商場規模還大的手機市場，每天有數以萬計來採買的手機個體戶、批發商，再轉運到第三世界與各省去銷售，形成很強大的市場。

山寨機普遍具有價格低，功能齊全，外觀極具創新等特點，一些山寨機還以模仿最新款名牌手機見長。因此山寨機很受追求時尚的年輕人及收入偏低人群的愛好，佔有很大的市場，其銷量超過1.5億部，對正規品牌手機造成不少衝擊。

山寨消費產品的誕生，確實能夠滿足收入較低的人群，但為何會發生在深圳？從產業鏈的角度來分析這個現象，深圳還是很有作為山寨手機生存的土壤和空間的，八、九十年代港台企業隨著產業轉移，來到深圳投資，群聚效應與生產製造的代工實力，讓深圳有一個很好山寨環境的雛型。就手機而言，在深圳不到一個小時的車程就可以形成一個產業鏈。更嚴格來說，整個深圳電子經濟就是山寨經濟，港台企業在深圳的投資，讓深圳有一個以代工為主的山寨產業集群基礎。2004年後我常駐大陸，大部份的時間就是在深圳，更能親身體會到這個移民城市的經濟爆發力，也能深刻體會到山寨產業及其精神在深圳蓬勃發展的根本原因。

初次在深圳見面的人都會用這樣一句寒暄語：「你是哪裡人啊」？接著的另一個問題是：「哪年到深圳的？」在不同鄉音的普

通話下辨識著彼此的區別，也在確認著大家共同的身份──移民，
包括台灣人。

　　大陸各地，特別是在農村與中小城鎮還是有著一種很緊密的
人際關係，在家鄉受到一定束縛的社會壓力。然而在深圳土壤裡，
全部都是移民，不僅離開親友的壓力，遠離商業的權威，並且政府
較少干預市場等因素，造就了深圳人處處標新立異的商業行為與生
活模式。在深圳有一獨特的社會與商業生活，市場與經濟才是趨動
深圳人的動力。大多數人來深圳發展所掙第一桶金時，都是從小資
本起家，以模仿或抄襲進入市場。這些為數不少教育程度不高的企
業家，常被戲稱是「農民企業家」，以游擊隊的模式在市場上佔有
一席之地。在深圳，許多人的起步存在一些的「不規範」，但也因
為較低的門檻，讓深圳成為一個創業與淘金的天堂。

　　到底山寨現象對於台灣的產業和讀者有什麼機會或啟示？

　　兩岸經貿的合作早在1987年台灣開放民眾赴大陸探親，讓急
於為傳統產業轉型尋找出路的台灣廠商有了新的出口。1988年7月
大陸發佈「鼓勵台灣同胞投資規定」二十二條，明確規定對台商之
優惠措施比照外商，對台商之資產不實行國有化，以及可適用涉外
經濟法規等。次年承認台資在沿海地區的土地開發經營權，以及公
司股票、債券、不動產之購買權，全面開始了台商投資大陸的
序幕。

　　2008年大陸航空公司飛進了台灣，2009年台灣公告了「大陸
地區人民來台投資許可辦法」敞開陸資投資的大門，觀光與投資帶
來了陸客和陸企，也帶來了兩岸經貿關係的正常化。

　　一般認為，台灣相對於大陸而言，在提供產品和服務方面，
其研發、品質、成本、價格與服務普遍具有優勢；大陸則在市場、

人才基數、原物料、土地、勞動力與投資政策較強。台灣企業若能結合大陸在市場規模、原物料的豐富與其他優勢，並進一步結合台灣企業在品質、成本、價格、服務的優勢一起走向世界，才是兩岸雙向經貿最大的好處。但是如果台灣的企業也流於模仿與抄襲，還不知提升，在沒有地緣與通路的大陸，競爭力肯定不如大陸企業。

這本《山寨經濟大革命》中，彭思舟教授在山寨的理論模式提供很深刻的架構，許揚帆總主筆採訪許多第一手的市場資料。相信讀者，可以很輕鬆一探大陸近幾年最夯的手機市場。但大陸市場太大，面積為台灣的二百六十七倍，人口是台灣的六十倍，很難視為單一市場。大陸這幾年經濟的崛起，也很清楚向全世界的展示：只要成為中國第一，就會成為世界第一。但風險與機會是一體兩面，希望讀者再進入大陸市場，能掌握更多市場的特色，並找到合適的資源與通路，在兩岸互通的經貿架構下，獲取更大的市場機會。

林琦翔

深圳台商協會（福田）出版委員會主委
ACE亞廣集團顧問

認　識　篇

發現中國山寨文化產業
——山寨的定義與成長

一、山寨文化產品的定義

「山寨文化」就是草根文化、非主流文化、次文化，它與主流文化相對，但有它積極進步的意義、也有它為人詬病、侵犯智慧財產權、遊走法律邊緣的黑暗心靈；山寨文化產品起源於中國大陸，為何叫做「山寨」？主要引用中共前領導人毛澤東最喜歡的一本書，那就是「水滸傳」，在水滸傳中，強盜頭子宋江與一百零八條好漢齊聚「梁山泊」，據山為寨、替天行道，後來接受宋朝朝廷招安的故事，毛澤東就曾經以批評宋江接受宋朝招安，認為是宋江背叛了革命，隱喻要警惕現代的宋江，用對這本小說劇情的批評，作為政治鬥爭的工具，而獲得勝利。也因此，這本書成為中國大陸一般民眾最熟悉的中國古典章回小說，甚至認為要搞革命、群眾運動，就要弄懂水滸傳，所以，當「山寨」名詞一旦成為某種產品的代稱，立刻變成大陸民眾朗朗上口的用語，同時也隱含著一個最特別的意識型態，那就是「山寨是對抗主流的創新、或許有點惡搞、不合法，但卻是站在群眾這一邊的」，不過，當山寨壯大時，一如水滸傳眾好漢的結局，他也是可以被招安、變成主流的，所以說，「今日山寨、明日主流」。

因此，若要給山寨產品下一個明確的定義，可以說，山寨產品就是符合「對抗主流、照顧群眾」，但在合法之外，遊走於非法的模糊地帶，「從抄襲模仿開始、到加入因應『地方消費習慣』而自成一格的創新元素」，又因為有它「替天行道」的背景，所以即使有點不合法，也受到群眾的認同，同時因為山寨中有一百零八條

好漢，各自有各自的性情與特色，如宋江號稱「及時雨」、吳用號稱「智多星」等，又符合山寨產品追求特定多功能的特色，如深圳手機商「隆宇世紀」有一款山寨機，號稱手電筒功能最強，適合常停電的印度貧民窟，所以熱銷印度百萬支；無獨有偶，深圳手機商「西可通訊」也研發一款手機號稱有八個喇叭與收音機功能，聲音之大剛好給中國農民在操作農耕機耕作時收聽電話與聽收音機，因此，在中國農村引起轟動。

　　值得注意的是，今日搞的風風火火的所有山寨文化產品，剛開始都是從手機開始的，為何是從「手機」開始？那讀者可能要先瞭解，手機對一個中國農村小孩的意義。本書作者彭思舟還記得，中國移動通信公司將近十年前曾有製作一個廣告，那是一個來自於陝西黃土高原窮鄉僻壤的農村小孩，到了大城市發展成功後去看海，然後打手機給他在家鄉這一輩子都沒看過海的爺爺，他告訴爺爺說，「爺爺，請您聽海」！這則廣告震撼了人心，它代表了手機對一個極欲與現代化接軌、與現代資訊連結、證明自己存在的發展中社會廣大民眾的需求。所以，中國農村到城市唸書的大學生，打工賺了錢，第一件是就是要買手機，手機不只是個通訊工具，也是社會學上的一個身份證明，而山寨手機提供了他們快速圓夢的機會。

　　同時，因為自由貿易與網路等次媒體的推波助瀾發展，逐漸盛行於東南亞、印度、阿拉伯等發展中國家，後來山寨一詞開始從經濟行為逐漸演變為一種社會文化現象。山寨文化如前所言，是相對主流文化而言，在某種程度上，「山寨之於主流」就好比「邊緣之於中心」。不過，儘管山寨文化多少有點邊緣化，但當「山寨」壯大到足以影響「主流」時，開始讓主流文化措手不及，甚至被迫招安山寨文化。因為不可否認，「山寨產品」確實從對主流文化產

品的模仿起家，畢竟，當主流已經樹立起它的商標，甚至形成市場的壟斷時，通過模仿而進入市場，分得一杯羹幾乎是唯一的途徑。一如《水滸傳》中，宋江、八十萬禁軍教頭豹子頭林沖、打虎英雄武松，原本都想在宋朝主流官府中安身立命，但一旦宋朝官方市場已經被太尉高俅等當道壟斷，這些人又不想遵守當道制訂的遊戲規則，甚至也付不出遵守的成本，那就只有被「逼上梁山」，成為山寨的一份子了。

　　不過，值得注意的是，大陸實際「山寨產品」的起源和發展地並非僅僅廣東。這種現象，在中國大陸二十多年前其實已經很流行。只是那個時候還沒有把它作為一種「山寨」名詞給以界定，也沒有形成作為一種特殊的產業文化現象被討論。因為山寨產品，實際上是處在發展中國家，因為消費者受限於消費能力限制、無法滿足生活需求品或奢侈產品（包括文化產品）的消費慾望，或者因為市場存在著的一種固有的產品因為長久沒有創新和換代，有廠商看到這一塊需求，用「複製、模仿、學習降低成本，再加入符合地方使用習慣的創新改良」等的方法，推向市場的一種「快速、滿足平民、適銷對路、具有多功能性低價位」的品牌產品，例如，大陸農村流行的「娃哈哈可樂」，相對於「可口可樂」，不也算是一種山寨版的可樂？

二、山寨精神的歷史沿革考據

　　如果說，山寨精神是指從模仿出發，加強調查、研究、學習別人的強項，再加上自己的創意，變成一種「二次發明」，那山寨

精神可以說非中國所獨有，它是全世界人類共同的智慧遺產。只是中國發明了「山寨」的這個名詞，一如日本，從文字到目前譽滿全球的產品，如汽車、相機等，可以說都是山寨精神發展的極致，只是日本的名詞，例如，日文中的漢字「改善」（「改善」一詞是由日本人首創）二字，就是建基於在原有的框架上，再加建成為更加完善的東西。

因此，並不是日本人發明相機，也不是日本人發明汽車、洋酒威士忌，但現在如果要問，人類品質最好、且價格不貴的相機、汽車或威士忌，百分之九十以上的人，包括相機、汽車、威士卡創造起源地的歐美人士，都會肯定告訴你，是日本製造的產品；又比如，今日產業創意最強的美國，在獨立革命時，仿造歐洲的步槍。在經濟運行上，美國一開始更是直接採用了英國自由主義的經濟模式，照搬了歐洲的金融和財政制度，甚至連美國哈佛大學，都是模仿英國的劍橋大學；美國的一些城鎮也是模仿了歐洲城市，例如，加利福尼亞的一個城市Solvang就是模仿了丹麥的哥本哈根而建的；就連美國的葡萄酒，也將模仿歐洲頂級酒的風格作為一項品質標準了。在工業上，美國的第一架紡紗機也是模仿了英國紡紗機的山寨版，並據此成為了美國的第一個紡紗廠；美國在完成工業革命之後，美國的科學技術還未處於世界領先地位，而是落後於歐洲國家的，甚至二戰之後美國科技才迅速發展並超越歐洲的，最明顯的證據，就是第一個登陸月球的太空船是美國人造的，但其實這是奠基在模仿納粹德國科學成果的基礎之上。

二戰結束之際，美國和蘇聯從德國境內搜集了許多納粹黨遺留的戰利品，飛機、導彈、火箭、科學家，甚至殺傷力極強的「鈾反應堆」。回國之後，他們開始了針對德國軍器和材料的研究學

習，他們從搶到的德國飛機、火箭上學習，研究人員為了能夠讀懂德文的資料和說明書，甚至上夜校學習德語。不久，軍刀戰鬥機問世，他們稱自己研製出了世界上最先進的飛機。F-86軍刀在朝鮮戰場上初試牛刀，不想卻遇到了蘇聯的米格-15，更令他們預想不到的是，米格-15與F-86幾乎一模一樣。原來，蘇聯也得到了相同的德國資料，研製成了相同的飛機。一直到現在，F-86系列戰鬥機都被毫無疑問的認為是美國自主研製的。在火箭領域，上世紀60年代的美國擁有數千枚殺傷力極強，準度精確的導彈瞄準自己的敵國，技術正是來自德國科學家研發的火箭。

不過，時至今日，沒人會說美國的工業與文化創新，是模仿任何國家的創意，因為任何可以幫助人類生活的更好的科技與制度，都是人類共同的智慧遺產，2009年，即使在金融風暴底下，百年前模仿歐洲城市建造的紐約，其早已超過了羅馬、巴黎和倫敦等歐洲重鎮，躍居全球金融、時尚中心。

再談日本，其實說到山寨的鼻祖，日本是最當之無愧的。從日本歷史上的「大化革新」開始，日本不斷派出「遣唐使」，模仿當是世界上最強的唐帝國的一切，甚至包括他們自己的首都，如果說有人想看一下中國唐代的都城長安的原貌的話，那麼最佳的觀看地點並非在中國西安，而是在日本的京都，因為最初京都在仿照中國城市建設時，就是按照中國隋唐時代的京都格局設計出來的城市。此外，日本明治維新標榜的「脫亞入歐」，日本人從西方人的頭髮、衣著、飲食和生活習慣，無一不是當時的山寨版，連當時明治天皇的內閣，都因為常模仿西方政治家開舞會，而被稱為「跳舞內閣」。

直到現代化的日本，在第二次世界大戰之後，原本成為廢墟，但日本人憑藉強大的模仿、學習能力，通過大量引進西方先進的技術專利，然後再研究綜合各種技術並進行改進，最後建立了自己的工業技術體系，也就是日文漢字中所稱之「改善」，重建經濟力量。例如日本著名的本田公司，最早以摩托車起家，他們最早就是採取了「模仿、反芻、整合、創新」的技術模式。他們首先花錢買到國外先進公司的幾十台發動機，然後進行剖析和研究，集眾家之長研製出了最好的發動機，裝配成世界一流的摩托車。1958年，美國福特汽車公司甚至引進了本田發動機。而日本Sony公司的半導體技術，最早來自美國貝爾的一項發明，貝爾公司生產的半導體收音機良率低，成本高和價格太高，難以市場化，結果被Sony創始人盛田昭夫引進並改造成功，而後又造成了半導體的電視機、答錄機、錄影機等一系列產品，造就了現在的日本名牌Sony，這不也是一種山寨精神，來自於模仿，但青出於藍，而更勝於藍。

　　相同的模式，韓國、台灣也都曾經加以套用，韓國在二戰以前，由於日本殖民時代施行的「北工業、南農業」政策，二戰後的韓國幾乎沒有任何科學技術基礎，但靠著政府扶植汽車、電子、半導體三個行業的大企業，從如何模仿美國和日本的先進技術，然後通過改進達到自己創新，韓國機械電子產業學術領域，有一個名詞叫做「反求工程」，就是在無法獲取產品專利的情況下，通過對實物的分析模仿來進行製作生產的一種方法，說白了也就是先找到一個產品，然後根據產品資料作圖，最後再進行生產製造的過程，這跟現在中國深圳山寨廠商的作法，幾乎是一模一樣，但通過從模仿到創新的過程，韓國誕生了三星等國際知名品牌。

再看台灣的例子，台灣共有37項世界第一的工業產品，分別是主機板、監視器、晶圓代工、掃瞄器、數據機、繪圖卡、網路卡、集線器、機殼、鍵盤、光碟片、滑鼠、SPS、ABS樹脂、PU、PUC、PPE、人造纖維絲織布、人造纖維加工絲、運動鞋、味精、太陽眼鏡、西洋鼓、聖誕燈串、自行車、自行車鏈條、帽子、雨傘、用餐桌椅、雨衣、電動小馬達、縫紉機、蝴蝶蘭、卡通動畫、煎烤器、吉他與義肢。這37項產品，沒有一項是台灣發明的，但是台灣廠商透過模仿、改善製造流程、降低成本，讓這些產品的價格更山寨化、平民化，讓全世界的民眾也都可以消費的起，這是台灣廠商對世界的貢獻。

還有KTV，事實上，這是台灣人結合所謂「MTV」，改良了日本人發明的卡拉OK，KTV其實就是卡拉OK的山寨版，但KTV讓唱歌變得更豪華、更有隱私的空間，讓任何人，甚至五音不全的人都可以自信、自由的像歌手一樣舒展歌喉。這是因為台灣人將卡拉OK的「二次發明」KTV，成功的風靡全世界。

現在就從美日韓台的經濟科技發展的歷史中，瞭解山寨精神曾經留下的身影，再來考究中國體現山寨精神文化產品的歷史。

中國最早的山寨版產品，應該是春秋戰國時期的趙國騎兵。中國古代本來沒有騎兵，但戰國時期的趙國，北方大多是胡人部落，他們雖然和趙國沒有發生大的戰爭，但常有小的掠奪戰鬥。趙國軍隊的武器比胡人精良，但卻常處於下風，這是因為趙國的軍隊多為步兵車混合編制。官兵都身穿長袍，甲冑笨重，騎馬很不方便。反觀胡人，由於胡人都身著短衣、長褲，作戰騎在馬上，動作十分靈活方便。開弓射箭，運用自如，往來奔跑，迅速敏捷。

鑑於這種情況，當時的趙武靈王就想向胡人學習騎馬射箭，並且改革服裝，採取胡人的短衣、長褲服式，也就是「胡服騎射」。

　　趙武靈王於西元前302年開始改革。他的改革最先遭到以他叔叔公子成為首的一些人的反對。武靈王為了說服公子成，親自到公子成家做工，他用大量的事例說明學習胡服的好處，終於使公子成同意胡服，並表示願意帶頭穿上胡服。雖然得到了公子成的支持，但仍有一些王族公子和大臣極力反對。他們主張：「衣服習俗，古之理法，變更古法，是一種罪過。」而武靈王則批駁他們說：「古今不同俗，有什麼古法？帝王都不是承襲的，有什麼禮可循？夏、商、周三代都是根據時代的不同而制定法規，根據不同的情況而制定禮儀。禮制、法令都是因地制宜，衣服、器械要使用方便，就不必死守古代那一套。」武靈王力排眾議，在大臣肥義等人的支持下，下令在全國改穿胡人的服裝。因為胡服在日常生活中做事也很方便，所以很快得到人民的擁護。趙武靈王改革服裝成功後，接著訓練騎兵隊伍，改變了原來的軍隊型式，打敗經常侵擾趙國的中山國，而且還向北方開闢千里疆域，成為當時的「戰國七雄」之一。

　　明朝正德九年，西元1514年，葡萄牙人侵犯廣東新安縣的屯門（即今香港屯門），並於島上豎碑立石。從此，屯門便成當時葡萄牙鬼子的據點，被稱為「貿易之島」，葡萄牙一邊在屯門等地營建據點，一邊派出使者到達北京向明朝政府提出通商建議，當時五百年前的明朝政府對外政策非常強硬，不但在北京驅逐了葡萄牙使者，然後又命令當時的廣東按察使汪鋐率軍驅逐屯門的葡萄牙人。汪鋐是個腦袋清楚的人，他充分瞭解葡萄牙人遠道而來，之所以有恃無恐並不是倚仗人多勢眾，而是因為船堅炮利。因此，汪鋐重點瞭解了葡萄牙人的武器裝備，據汪鋐在《奏陳愚見以

彌邊患事》在奏摺裏的彙報：「臣先任廣東按察司副使，巡視海道。適有強番佛郎機駕船在海為患。其船用夾板，長十丈，寬三丈，兩旁駕櫓四十餘枝，周圍置銃三十餘管，船底尖而面平，不畏風浪，人立之處，用板桿蔽，不畏矢石，每船二百人撐駕，櫓多而人眾，雖無風可以疾走。各銃舉發，彈落如雨，所向無敵，號曰：『蜈蚣船』，其銃管用鋼鑄造，大者一千餘斤，中者五百斤，小者一百五十斤。每銃一管，用提銃四把，大小量銃管以鐵為之，銃彈內用鐵外用鉛，大者八斤，其火藥制法與中國異。其銃舉放，遠可去百餘丈，木石犯之皆碎。」後來嘉靖朝的抗倭名將戚繼光也曾經描述過佛郎機炮（後來又稱紅夷大砲）的厲害：「其火氣不洩，有明星供瞄準；子、母銃比例合適；出炮有力而準，製作精工且精微」。根據汪鋐和戚繼光的描述，這種「佛朗機銃」的確是當時世界上最先進的高科技、大規模殺傷性武器。後來明朝守長城的名將，也是出身廣東東莞石碣鎮的袁崇煥，還用這種紅夷大炮打死了開創清朝的祖師爺努爾哈赤，立下戰功，這或許也跟袁崇煥出身改革開放的發源地，見多識廣有關係。

所以，明朝的這場海仗如何打？答案是「師夷長技以制夷」，汪鋐重金挖角常年為葡萄牙人打工，兩位已經精通了造船鑄銃以及彈藥技術的中國工程師楊三、戴明，做出山寨版的蜈蚣船、紅夷大炮，在著名的屯門海戰中，打敗了葡萄牙人。

無獨有偶，清朝名臣林則徐，在第一次鴉片戰爭時，也在東莞虎門大力整頓海防，積極備戰，購置外國大炮加強炮台，搜集外國船炮圖樣準備仿製山寨版外國船炮，果真在九龍炮戰和穿鼻洋海戰數敗英軍，若不是英國人比葡萄牙人聰明，直接繞過林則徐，跑去北京威脅林則徐的老闆道光皇帝，當時北京當然沒有山寨版

的外國船炮,導致道光帝驚恐求和,歸咎林則徐,否則歷史可能改寫。

　　由於歷史學家普遍以鴉片戰爭前後,定義分野中國的近代史與古代史,所以在鴉片戰爭後,也就是中國近代史的第一個大山寨,應該就是清朝的洋務運動,又稱自強運動。自強運動在清廷中樞,以奕訢、桂良、文祥等滿族權貴為代表。在地方,則有曾國藩、左宗棠、李鴻章、張之洞等封疆大吏為骨幹。此外,一大批為革新著書立說的讀書人,搖筆吶喊;一大批渴望採用先進技術的工商人士,奔走創業。一八六五年,太平天國滅亡,清朝國內外出現了一個暫時的和平環境,自強運動步伐於此加速。官方引進外資,允許合資,允許民辦,提倡官督商辦(公私合營),大規模引進西方的科學技術,興辦近代化軍事工業,在李鴻章等人的主持下,江南製造局、金陵製造局、福州船政局、天津機器局等一批大型近代化軍事工業相繼問世。

　　尤其是當時的上海,慈禧下詔把上海縣提升為上海道,實際上是變成中國最早的「經濟特區」,它有點模仿當時的租界,成了滿清王朝對外改革開放的櫥窗。洋務期間,清朝政府還開辦了天津北洋水師學堂、廣州魚雷學堂、威海水師學堂、南洋水師學堂、旅順魚雷學堂、江南陸軍學堂、上海操炮學堂等一批軍事學校。在普通教育方面,1878年張煥倫於上海設立正蒙書院。1898年,北京大學前身的京師大學堂成立。1904年留日學生創中國公學。至1905年,科舉制被廢除,各地傳統紳士、秀才、童生、富商紛紛設立學堂,至此,中國現代的學校教育體系終於得以全面建立。追溯起來,一百多年前洋務派建立的新的教育體制,如分年排課、按班級授課以及考試、升級等制度,一直沿用至今。客觀而論,這一制度

是在自強運動中萌芽，在晚清末年的新政廢除科舉後正式確立的。這是一項有重要意義的制度性建構。

中國現代傳媒和新聞制度，也在自強運動時期發端。1872年4月30日，英國人安納斯・美查（Ernest Major）在上海創辦《申報》。《申報》是當時中國境內擁有客觀清譽的中文輿論重鎮，是歷經晚清和民國的歷史最久的報紙。而中國國人獨立創辦報刊，最先是艾小梅於1873年在漢口創辦《昭文新報》，隨後，1874年1月，由我國第一個報刊政論家王韜在香港主持創辦《循環日報》，同一時期，報人容閎在上海創辦中國大陸第一份由中國人主辦的中文報紙《匯報》。這些報紙，主要集中於租界。當時的租界其實已成為西方向中國展示自身的櫥窗，成為現代生活形態在發源地。

但不同於日本的明治維新，是主張全盤的西化，甚至激進的提出「脫亞入歐」的口號，自強運動當時領導人物，從中央到地方，包括李鴻章、張之洞，都普遍認同自強運動應該是「中學為體、西學為用」，也就是只學習別人的硬體，軟體還是自己的好，結果當然是明治維新成功了，而清朝依然積弱不振，不過自強運動背後代表的模仿、革新的山寨精神的影響，還是持續到現代。不再需要權威、重視個人發展，一場無聲無息的新洋務運動，正悄然在大陸社會展開，雖然沒有搖旗吶喊、沒有主義經典，但這場大思想變革，已隨著「網路」、「奧運」、「APEC」、「WTO」、「公民」等名詞深入人心，正改變著每張代表未來中國的臉譜。

王穎，北京一家重點大學本科四年級的學生，他刻意與作者約在北京國貿的外國餐廳面談採訪，因為他每星期一到五晚上，都要在同棟大樓的「華爾街英語」補習班上英文，同時，他也在這附近打工，而且是兼三份工。

這位來自大陸南方的年輕人坦承，他這麼拼的原因，主要是學英文沉重的學費，以及想出國留學的慾望，這些讓他的經濟壓力有點大，但「學好英文」與「留學」這兩件事，代表的意義都是為將來就業時更有競爭力，以及擁有更美好的生活，他周圍同學的生活，幾乎每一個都是這樣的。中國大陸現在的氣氛，有點像是清朝同治時期的感覺，那時清朝初步已見識到了洋人的船堅炮利，甚至運用了洋人的船堅炮利，打敗了太平天國，還在越南贏得了「中法戰爭」，舉國在勝利的氣氛中，都想藉由進一步學習洋人的「船堅炮利」，謀求國家進一步的「富國強兵」。

　　而目前整個中國大陸的氣氛，就有點類似這樣的感覺，也就是在大陸改革開放二十年後，引進的西方市場經濟，已經初步獲得了階段性的成果，至少讓十三億的人口中，有一億多人先成為中產階級，而最貧困的一億多人，至少有百分之九十在豐年得以溫飽，在荒年不至於餓死。同時，在北京奧運、APEC會議、大陸加入世界貿易組織相繼成功後，更讓現在的大陸官方與民眾相信，現在走的路線並沒有錯，於是一場新洋務運動、學習西方長技的風潮，又在中國大陸展開，而上述北京大學生王穎目前的人生目標與生活，就是一種個人新洋務運動的體現。

　　事實上，中國近百年的發展，有一個特色，就是成螺旋狀的發展，也就是說從表相看，近代歷史不斷在重複發生，但每次重複發生時，雖在同樣的座標，卻已經進入了不同的高度與層次，「中國的事，從來就不是一條直線發展，總是要左擺右擺後，才能走到目的地」。上述所稱的目前正在大陸社會發生的新洋務運動，若勉強與清朝同治年間的洋務運動比較，最大的不同，在於百年前的那一次，是只求國家的「船堅炮利」與「富國強兵」，這次則是更從

個人出發，要求個人財富與素質都要全面提升的「個人洋務運動」，具體表現於大陸社會上的，就是現在大陸全民學英語的狂潮。

那麼這場大陸正在發生的新洋務運動是否會成功呢？目前具有「海龜」身份（大陸流行語，意為從海外歸國的大陸留學生）的北京張姓商人說，他有信心一定會成功，因為目前整個大陸興起的新洋務運動，凝聚了全大陸由上到下全體的共識，並不像清朝的洋務運動，仍存在諸如是否「中學為體、西學為用」，還是「全盤西化」等各種爭議，而且不需要權威，每一個人都可以搞屬於自己的洋務運動，追求自己的「國富兵強」，因此，這場運動的推行也會比較順利，而且有利於中國大陸未來的發展。這位儼然是「紅色資本家」的「海龜」說，「公民」這個詞在大陸知識份子的廣泛流行，事實上，就是大陸新洋務運動發酵的影響之一，因為大陸以前不習慣用「公民」，而是用「百姓」或「人民」這個詞，百姓、人民相對於公民，不只是一種舊說法，更是一種包含中國古老宗法制、臣民、無權利或沒有能力自力救濟者的名詞，所以當「人民」的人，只能等待別人為他們「服務」。反觀「公民」這個詞，之所以在大陸流行，不只是它是一種西方新說法，它更代表了每個人都是一個權利主體，每個人都必須為自己的權利奮鬥，而不是等待「誰」來為人民服務，每個公民都要學會用社會的法制，來捍衛自己的權利。

自強運動之後，緊接著光緒皇帝的百日維新、康梁變法，主張學習日本的明治維新，但因為大環境的因素都失敗了，一如山寨機的成功，也是需要大環境政策上的解放、以及科技上的解放，才能獲得成功，所以在歷經種種模仿西方的改革與革新失敗後，中國

更激烈的山寨精神，也就是對西方革命與主義的模仿展開，首先登場的是革命的先行者、主張三民主義的孫文，推翻了滿清。

革命要有思想、有主義導引，孫中山的革命，主要信仰就是三民主義，三民主義也可以說是一個成功的山寨，就像「娃哈哈可樂」在中國農村打敗「可口可樂」一樣。孫中山的三民主義，可以說是匯集當時西方各種政治社會制度包含孟德斯鳩、英國內閣制、美國總統制等學說、主張，又加上中國在地特色作的制度設計，如為符合中國國情設計之軍政、訓政、憲政三時期、監察權參考中國御史制度，總之，三民主義可說是一次很成功的「二次發明」。

孫中山在1905年東京發行的「民報發刊詞」上說：「予維歐美之進化，凡以三大主義曰民族、曰民權、曰民生。今者，中國以千年專制之毒而不解，異族殘之，外邦逼之，民族主義、民權主義、適不可以須臾緩。……而民生主義，歐美所積難返者，中國獨以受病未深而去之易。」次年（1906年）民報周年紀念演講時，又說：「兄弟想民報發刊以來，已經一年，所講的是三大主義；第一，是民族主義，第二，是民權主義，第三，是民生主義。」又於1906年8月，在當時香港中國日報以在廣告上介紹民族、民權、民生三大主義，為冗長不便，簡稱「三民主義」。嗣後各地黨報，皆相採用，逐成為一普遍名詞矣。

在三民主義之後，共產主義也在中國大陸盛行，不過，原汁原味、沒有加入「草根智慧、在地創新」的共產主義，似乎不大適合中國大陸初期發展的需求，幾項運動如大躍進、文化大革命似乎都證明了這件事，也因此，1979年中共十一屆三中全會，揭示「改革開放」的政策，決定走自己的路，提出摸著石頭過河、管他黑貓、白貓，會抓老鼠的就是好貓等指導思想，「中國式的社會主

義道路」，就此登場，這也是中國在近代宣示「大國崛起」的開端。

　　而「中國式的社會主義道路」是什麼？簡單的說，就是取西方社會主義、資本主義的方法，只要是能用在解決中國現存問題的，讓中國更好的，都要採用，同時當然還要考慮到，要適應中國目前的國情，例如「堅持共產黨領導」，仔細思考，這不就是指中國人從模仿出發，加強調查、研究、學習別人的強項，再加上自己的創意，變成一種中國人最偉大的「二次發明」，這完全符合山寨的精神。

　　再從大陸推動經濟改革最初的試點「經濟特區」分析，這也有點像是模仿清朝時期的租界，以及英國治理下，1997年前香港的山寨版。亦即政治上不變，但在經濟上開放，因為經濟特區的主要精神在於，「經濟權力下放」，即減少中央集權，增加地方政府的決策權力，同時，整體發展戰略採取「漸進式」與「不平衡式」，也就是先讓一些人與東南沿海地區先富起來，因此造成大陸區塊經濟的形成與成功。這種香港山寨版的「經濟特區」，比起英國治理下1997年前的香港，更是一切都要為經濟服務，甚至連政治都要為經濟服務，其中的最佳樣版，就是上海浦東新區，站在上海東方明珠電視塔上，一位在上海十年的台商，指著整個浦東區，告訴作者，最近幾年他感受大陸，尤其是上海最深刻的變化，就是只要經濟發展需要，一切事物、包含政治可以為經濟開路，而浦東就是上海人最引以自豪的案例。

　　過去，上海有一句的話形容浦東，就是「寧要浦西一張床，不要浦東一間房」，可見當時浦東區的荒蕪。但一九九〇年中共當局開發浦東的決定正式宣佈後，中共給予浦東十大優惠政策和五項

比「經濟特區」還「特」的優惠政策，然後就像童話中的灰姑娘似的，浦東一夕之間成為經濟改革開放的先鋒。中國國務院賦予浦東金融、貿易、保稅等一系列功能性政策，人為推動了浦東地區的發展。比如，浦東是大陸各地唯一獲准外商銀行能試行經營人民幣業務的地方，導致不少外商銀行進入浦東，目前已至少有十八家，外商銀行在浦東新區內的陸家嘴金融專區設立了機構。浦東除了享有外商銀行特殊政策專寵外，也獲得中國政策支持設立要素市場交易中心，上海石化交易所、產權交易所、房地產交易中心、糧油交易中心等要素市場，也都在陸家嘴開業，而且中國中央領導人包含江澤民等，更是常常到上海主持各種剪綵活動，在政治上，為浦東經濟發展保駕護航的意味濃厚。

在這樣一切都為經濟服務的背景下，浦東發展一日千里，最具代表性的，就是擁有目前亞洲第一，高達四百六十八公尺的東方明珠電視塔。站在上面可以眺望全上海，入夜後，俯看黃浦江來往船隻，以及外灘的舊公共租界萬國建築群，配合著青綠色的打光，讓人在在感受到整個上海的都會風華，而位於浦東陸家嘴金融貿易區黃金地段、與外灘風景相望的金茂凱悅大廈，是目前大陸第一、世界第三的高樓，共有八十八層約三百四十公尺高，甫於去年完工，這又是一個上海人的新驕傲。

基本上，浦東開發的成功經驗，讓不管是北京或上海的學者、企業家，甚至官方都同意，只要有必要，政治要為經濟服務，因為他們相信中國大陸必須先發展經濟，只要經濟一發展，不管是國際地位，或大陸社會內部問題、台灣問題，都可以達到一定的提升與解決，這樣的想法已經逐漸從上海浦東，向大陸各處蔓延。

也因此，學習香港經驗，是大陸目前各地區發展經濟最快速的模式之一。以大陸的區塊經濟來論，主要可以分成珠江與長江三角洲經濟區、北京經濟區、東北經濟區及大西部經濟區，但在地理位置優越，以及過去改革開放的「政策傾斜」下，以廣東為代表的珠江三角洲經濟區，首先富起來，所以大陸民眾有「人才如孔雀東南飛」、「東南西北中、發財到廣東」的順口溜出現，並與上海為主的長江三角洲經濟區、北京經濟區號稱為大陸三大經濟區，而東北經濟區與大西部經濟區則相對較落後。

大陸官方其實也察覺到，提高沿海地區經濟；90年代初又提「沿海、沿江、沿邊」的三「沿」戰略，比過去更重視平衡發展的觀念，在1996至2000年的「九五計畫」期間，更強調中、西部地區的發展，接下來的「十五計畫」則直接了當提出全力支持西部大開發，就是要解決這種矛盾。

此外，從另一方面分析，大陸目前這種區塊經濟的形成，以及富庶的先後順序，其實與傳統台商製造業轉移的故事，有很大的關係，因為在降低成本的壓力下，製造業台商為符合世界消費者對商品「高品質」、「低價格」的需求，所以不斷尋找有便宜及高素質勞動力的製造基地，廣東由於接近香港，通往世界的運輸成本便宜，而且當時土地、勞工成本便宜、素質又不差，所以成為台商製造業在大陸的第一個中心據點，因此，造就了今日廣東經濟的發展。其後，隨著廣東土地成本與大陸內需市場的變化，台商產業逐漸有北移上海的趨勢，最後甚至還形成台灣的「上海熱」，這又是一個台商扮演區塊經濟發展推手角色的例證。而且台商帶給當地經濟發展的寶貴經驗，還包括觀念的革新。

例如，浙江農村模仿台商生產製造鏈的產業分工，也是一種山寨版的產業分工鏈，但青出於藍，而更勝於藍，他們將每一項產品、每一個生產環節，都交由不同的工廠負責，這樣的生產製造鏈使每一個生產環節都是單獨的利潤中心，所以能將成本控制到最低，同時為避免因品質差遭替換，品管會做得更好。

　　浙江農村模仿台商這套生產流程，製造出大量致富與就業機會。在浙江目前農民種田的已經不多，每戶幾乎都有人員從事某項產品的生產製造工作，從羽毛球、雨傘、醫藥用膠囊，到門鎖、眼鏡各種產品都有，其中，浙江柳市的電器、永嘉的鈕扣、海寧的皮革、永康的五金、桐廬的圓珠筆，以及嵊州的領帶，都已經相當出名。

　　在浙江已有這樣從事產品加工的農村1,600多個，這種模仿台商產業製造鏈的發展，至少解決浙江600多萬農民和300多萬外省勞工的就業問題。因此，在這樣大陸區塊經濟發展的脈絡中，台商經驗是當地經濟發展與培養本土經營人才最重要的資源，當然也成為大陸私營中小企業取經的最好對象。

三、山寨文化產品的成長歷史：　學、比、趕、超

　　凡存在必定合理，事實上中國現在正火的山寨產品，會變成一種廣泛的社會現象，甚至代表中國官方立場的中央電視台新聞聯播報導山寨產品，都沒有給予否定的評價，主要就是山寨還有一點「替天行道」、「師夷長技以制夷」的味道，一方面中國官方視其

為剛萌芽的民族工業，並且現實上山寨養活了大陸龐大產業結構鏈上、討生活的群眾，另一方面，山寨也的確縮短了大陸農村與城市的數位與生活落差，讓農民也可以有能力使用手機、電腦，甚至汽車等產品，或許品質無法讓人百分之百滿意，但不求天長地久，至少現在就可以擁有，這對提升大陸農村農民目前的生活品質，有相當大的幫助。

而且，從早期低成本模仿主流品牌產品的「山寨手機」到草根娛樂的「山寨文化」，再到備受爭議的「山寨價值觀」，「山寨」兩字以非常規手法遊走於主流的邊緣，然後逐漸做大，最終山寨產品開始為大眾接受，並樂意使用，產生了「山寨文化現象」，山寨文化，可以說是大陸社會經濟和文化發展到今天，既偶然又必然會出現的現象。說它偶然，是說它以「山寨」這個形式出現；而說它必然，是因為它出現的社會條件是成熟的。第一個原因就是經濟上的原因，也是本質上的原因。大陸經過了幾十年的高速的經濟發展，在本身的發展過程中，就會產生一些經濟泡沫；而國外資本通過壟斷品牌和技術，對許多電子和技術產品窮兇極惡地漫天要價，也造成了許多非常大的經濟泡沫。而這樣的一些泡沫正是產生假貨和仿製品的溫床。試想假如品牌機和「山寨機」是一樣的價格，誰願意用「山寨機」呢？正是因為許多品牌的東西價格已經不反映價值了，價格遠在價值之上，所以才為「山寨機」提供了空間，它的空間就是這些形形色色的經濟泡沫，這些泡沫為「山寨」文化產品的提供者的出現，提供了最初的動機，雖然這些動機不夠良善，甚至可以說是犯罪，但世界就是這麼奇妙，有時壞的動機，反而會造成好的結果，好的動機，卻不一定導致結果一定也是好的。

事實上，由大陸民間力量發起的這種山寨產業文化現象，從最初的山寨手機，到現在的山寨服裝、山寨春晚，山寨產品幾乎涵蓋了所有的行業。山寨產品都是誕生於小作坊裏的，其主要特點是快速、模仿、平民化，很受大眾青睞，例如，山寨機，它們由生產者自己取個品牌名字，或模仿品牌手機的功能和樣式；由於逃避政府管理，它們不繳納增值稅、銷售稅，同時不用花錢研發產品，又沒有廣告、促銷等費用，再加上成功的成本控制和分銷手段的靈活，導致其最終零售價格往往僅是品牌手機的二分之一到三分之一。甚至一些山寨自身也成了品牌，其實正說明山寨文化有著自己的創新精神和生命力。正是這個緣由，2008年大陸出現山寨版的春晚電視節目，公開挑戰北京中央台的春晚節目，這其實對大陸的電視市場，引發一種比較良性的競爭，至少讓大陸中央台的春晚，比起以前，比較不無聊了！

從山寨文化產品的成長歷史，用「學、比、趕、超」分析，主要可以分成以下四個階段：

（一）第一階段「學」之仿冒暴利

大多數開發中國家在產業發展的過程中，很難不走仿冒這條路，日本、台灣都曾經有「海盜王國」的惡名，畢竟山寨文化產品的成長精髓，「學、比、趕、超」，第一階段的「學」，其實跟仿冒到底有什麼差別，很難去區分，而且，從1979年中國大陸開始改革開放開始，為利用中國廉價的勞動力及資源，許多世界知名品牌的代工廠，主要是台商，將製造工廠轉移到中國，打造了世界最強大的製造業產業鏈，也培養了一大批具備世界先進製造水準的代工

企業。在代工制度下，如果採購商過於強勢，一味強調降低成本，就會讓代工企業無利可圖。為了謀求更多的利益，一些中小代工企業開始走上冒牌生產之路。

2001年前後，深圳、東莞等郊區的小公司開始生產手機、數位相機、遊戲機、電動玩具、MP3等電子產品，然後貼上國際知名品牌的外衣或者將國際知名品牌的符號，稍微做點改動讓消費者誤認為是品牌產品，借此獲得高額回報。山寨手機最早就是從2001年、2002年那段時間開始出現，那時如果到深圳、廣州去出差，就會發現一個很好玩的現象：很多當地朋友拿的都是諸如「NOKLA」、「Samsang」這樣的牌子手機，無論是正規商店還是街頭小攤，擺得最多賣得最好的都是一些奇奇怪怪，至少聞所未聞的品牌手機。這時的山寨文化還紮根於生產出這些奇怪品牌手機，遍佈廣東沿海的眾多小型電子加工廠（或者說是小作坊）裏面，沒有人認為這些東西能成氣候，更不會有人認為這些東西的背後存在一種更深層次的東西，將來會影響中國的IT行業，但現在很多廣東的山寨商家，可以毫不避諱的大談特談自己產品的極大優點，在打擦邊球的同時，為山寨文化贏得一席之地。山寨手機讓所有買不起手機的人，可以圓夢，也可以買的起手機。

由代工到簡單模仿的「初級山寨」產生，這些在第一階段「學」中成長的山寨機，功能極其豐富，價格極其低廉，外觀極其新穎，但品質極其不可靠。這一階段的山寨機還是依靠單純的外形設計和低廉的價格來吸引用戶的注意。注重機型外觀，不願花高價購買電子產品的消費者往往對這類山寨機情有獨鐘，當時「複製」、「冒牌」、「剽竊」、「劣質」等詞，也成為當時公眾對「山寨機」核心內容的理解。

以手機為例，中國大陸山寨機最早始於標有CECT品牌的雜牌手機，實際只是冒用CECT的品牌或者支付一定的現金給CECT得到使用權。這款機型的特點是螢幕下方有五個圖示，大多基於MTK手機平台，手寫輸入，鈴聲音量超大，電池標稱不低於1,800毫安培。後來市場上開始充斥著各種水貨和翻新機，標有Sony Ericsson、Nokir、Samsong等「山寨標識」的機型開始氾濫於市場中，其特點是做工粗糙，無明顯的品牌標識，機身正面或背面常見大大的Blue Tooth、Touchscreen、MP4等字樣。此外，PSP、筆記本電腦、數位相機等電子產品也逐步走進山寨行列。而此時的山寨市場還未形成良好的行銷管道和行銷方式。

（二）第二階段「比」
　　　　之滿足「在地習慣」需求的創新探索

隨著電子產品核心技術的普及，尤其台灣廠商聯發科，在手機晶片上先進與整合的技術，手機的創造研發不再困難，因為最困難的晶片整合部分，聯發科已經完成了，有媒體報導，過去需要人民幣兩千萬、台幣一億元才可能進入的手機行業，現在只要五十萬元人民幣、不到三百萬台幣，在深圳就可創造出屬於自己品牌的手機，這麼低的技術與資金門檻，讓大陸本地業者可以進入手機行業，同時，開發出來符合「在地消費者使用習慣」的手機，前述有八支喇叭的手機、或是強調收音機、照明功能的手機，都是因應特殊消費者的需求做成的，再加上價格較一般大廠手機低廉，自然成為熱門商品，面對山寨產品的火熱，有人甚至加上民族主義的情

緒，喊出了「國貨當自強，山寨要領航」、「農業學大寨，工業學山寨」的口號。

在這個階段，山寨產品精神在打破現有遊戲規則，敢為天下先，進行山寨式創新，打破高科技產品高不可攀印象，讓「農民也能造手機」，讓高科技產品從神桌走下來，製造符合農民需求的手機，例如，根據中國大陸文化部一份統計報告，「看電視」幾乎已是大陸超過九成以上的農民生活裡最大的娛樂，大陸山寨手機開發出各種功能，就有特別強調可以看電視與聽收音機的功能，這款山寨機甚至造成台灣電子業工程師搶購回家，給台灣的父母親使用收看三台無線電視台、以及聽收音機，同時，為配合農民，山寨手機也可以當作錄放音機，總之，不怕丟臉，不怕低利潤，把能實現的功能都實現，想方設法地滿足消費者的一切需求；迎合市場需求：你沒有的需求，也給你創造出來，只有想不到，沒有做不到；最大的競爭優勢是價格低、功能新奇和外觀獨特，而且什麼功能都做，只要客戶喜歡。最重要的，在價格上迎合消費需求，而且號稱「價格超低，扔了也不可惜」，給人一種「便宜也要好貨、加量不加價」的印象。

2006年年底，山寨機已經佔據大陸國內手機市場近30%的佔有率，而大陸媒體披露的一項深圳街頭調查也顯示，40%的消費者「熱愛」山寨機。隨著山寨機的迅速發展，人們對其的感覺再不是那樣「拒之於千里之外」，消費者的需求也直接刺激了山寨機的發展。一項調查顯示，40.8%的人認同「創新」為「山寨文化」的核心內容，29.4%的人認同「進取」為「山寨文化」的核心內容，此外41.4%的人認為，「山寨文化」可以激發人們追求創新的精神。所以，此階段的山寨文化可以被命名為自強型山寨文化。

此階段，一方面山寨機在仿製熱銷機型方面的造詣越來越強，很多機型都能做到讓業內人士難辨真假的境地。像N73、N95等熱門機型甚至有多達數十款的複製機在出售。另一方面，具有自己品牌的山寨機也開始投放市場，比如德賽M9、松訊達TC103、華禹P30、漢泰3809等，這類大多採用WM5.0的國產智慧手機價格不高不低，功能和外觀與國際品牌手機差異無幾。

文化方面，2005年12月山寨文化開始衝擊互聯網，出現大量的山寨網站，其中整合了百度、谷歌、雅虎的「百谷虎山寨搜索引擎」最有名；2006年大陸全國各電視台播出的《少年包青天》被指是日本漫畫《金田一少年事件簿》的「克隆」（Copy）版本；2007年，大陸熱播電視劇《家有兒女》引起廣泛關注，該劇已經拍到第四季，但被指借鑒美國電視劇《成長的煩惱》；2008年3月山寨文化進入出版領域，出現了山寨版書籍。

（三）第三階段「趕」
之獲得消費者認可之後的產能大躍進

在此階段，山寨廠家的電子產品更加強調超前意識和時尚潮流，「只有想不到，沒有做不到」、「價格更便宜、功能要更多」，全面改進性能，偷拍、大螢幕、手寫、電視等概念全都被完美地融入進來。據估計，深圳山寨手機產量每天至少30萬支，一個月就有1,000萬支。

深圳市通訊聯合會統計，深圳與周邊城市和手機相關的上下游產業鏈接近1萬家，能夠整機製造的公司就有100家，擁有手機牌照的也有50家，占全國三分之一，各類手機生產業者約有2,000

家，方案設計公司約200家，零配件公司約3,000家，國包、省包通路商約1,000家，集中度非常高。

　　除擁有完整的手機製造生產鏈，山寨機創新行銷傳播也逐漸展開，擯棄傳統的知識普及、資訊灌輸式的行銷推廣，加強與消費者互動溝通、雙向交流，以「眼球經濟」獲得消費關注。此背景下，「山寨文化」的概念也被大家所論及，山寨作為一種文化現象在平民的生活中全面展開。其在社會生產、消費、市場、知識產權、管理和法制法規等方面所引發的激烈爭論，已經演變為山寨價值觀的衝突。贊成的一方，將山寨視為一種貼近草根的群體文化，狼性、創新的文化。否定的一方，則將山寨視為抄襲、剽竊、侵權的代名詞。雙方產生分歧的原因，在於對山寨文化處於何種發展階段和前途的判斷上出現了差異。事實上，如果將山寨當作自主創新和價值創新的必經階段的話，那麼山寨文化必然會演變為主流的文化，引領經濟和社會發展的文化。大陸網路一項線上調查的結果也論證了這一趨勢：對於「山寨文化」，超過半數公眾（56.9%）認為應該任其發展，19.0%的人認為應該制止其繼續蔓延，還有24.1%的人覺得「不好說」。

　　不過，山寨機便宜、符合在地習慣的功能創新，還是廣受歡迎，例如在毛澤東的故鄉湖南韶山，有將近2萬農戶可以靠著山寨手機，接收韶山市政府推出一項免費的創新服務，農民不定時可以收到有關病蟲害、天氣的農業情報，據媒體引述韶山市農業局辦公室表示，以往向農民發布病蟲情報，從監測到制定防治配方，再到印刷、發送，至少要三到四天的時間，一年下來，當地政府還得花費人民幣10萬元以上，但現在透過手機，成本、時效都大幅減少，這讓山寨機獲得地方政府的肯定，也持續在中國農村熱賣。

總之，受到肯定的山寨產品，產能開始大躍進，以手機為例，根據中國工業和資訊化部的調查報告，大陸去年生產5.6億支手機，占全球47.5%，深圳手機產量就占全大陸三分之一以上，包括為諾基亞、三星、摩托羅拉等品牌代工的手機，每年此地產量至少2億支。此外，深圳能成為中國、甚至全球最大的手機生產與集散地，最天然的條件就是靠近香港；根據統計，去年從深圳口岸出口的手機就有1.8億支，價值122.3億美元，平均出口價格每支68.1美元，經香港轉出口比重高達34%，其他還有直接出口到美國、歐盟、非洲、拉丁美洲和南韓等地區。

　　因為山寨機產能的大躍進，這些大陸本土手機製造商，開始有「趕」上手機大廠品牌的實力，如前述，用八個喇叭的手機打響名號的深圳西可通訊，從小方案公司到大工廠；深圳隆宇世紀去年打造53款手機，等於一週一款，銷到印度的手電筒手機單款就暢銷130萬支。北京天宇朗通從通路商起家，2007年市占率不到1%，去年最高曾達到6.8%，已是大陸最大國產手機品牌；金立、長虹、金鵬、酷派、步步高等新興的國產品牌，市占率幾乎都超過傳統的聯想、海爾、TCL。上海龍旗公司，2005年在新加坡上市，高峰時單月出貨量可達250萬支。上海希姆通母公司晨訊集團則是香港上市公司，從山寨方案公司起家，已經拿下夏普、LG代工訂單。

　　也因為山寨手機的潛力不容小覷，加上去年下半年全球金融海嘯影響，景氣急轉直下，不少台商開始想作山寨手機的生意，例如，鴻海的富士康，已經開始幫天宇、龍旗、聞泰等公司做主機板組裝（PCBA），即使去年下半年被諾基亞抽回PCBA訂單，也因為這些山寨板子訂單解了燃眉之急。現在也有不少台商，如觸控面板新掛牌公司熒茂甫上櫃就號稱掌握山寨商機，手機薄膜按鍵業者

淳安也拿到龍旗、聞泰訂單，其他像是華晶科供應光學變焦鏡頭，另外還有勝華、凌巨、奇致、宏齊、佰鴻、柏承、健鼎等，也都搶搭山寨手機議題，或乾脆就直接就以山寨手機的成長性，來凸顯今年業績成長的可能性。。

（四）第四階段「超」
　　　之羽毛已豐開始嘗試超越國際大廠

　　中國山寨產品，目前有一些已經進入第四階段「超」，嘗試要超越國際大廠，開啟從「中國製造」到「中國創造」的夢想，以手機為例，大陸最大搜尋引擎龍頭「百度」，已與聯發科簽訂合作協議，由於聯發科是大陸最大手機晶片供應商，大陸九成以上國產手機都是採用聯發科的作業系統解決方案，因此百度與聯發科合作，在聯發科手機作業系統平台上，研發搜尋服務。此外，百度還與手機系統廠商三星、聯想、天宇等合作，天宇素有「山寨機的諾基亞」之稱，顯見百度拉攏大陸國產手機廠商的企圖心。

　　另一方面，大陸官方自己要創造的3G手機標準TD-SCDMA，中國掌握自己的標準。這件事對山寨機未來的發展標準很重要，而且山寨機已達到中國手機市場1/4到1/3佔有率，在3C融合新領域下，跨國手機公司已不可能壟斷整個市場。「創新型」的山寨機，已經超越了對國際高端手機的模仿上。例如，魅族M8的系統採用Windows CE 6.0內核，自行開發了M-mobile系統。創新型的行銷，已經擺脫了前期的簡單品牌傳播模仿。不過，在「超」的這個階段之前，山寨機還是面臨了四項挑戰，分別是智慧財產權問題、規格

標準問題、品牌問題、品質問題。如果解決了這些挑戰,大陸山寨產品才有可能進入第四個「超越」階段。

綜言之,要瞭解大陸山寨文化產品的成長歷史階段,不能不知道山寨成長主要奠基於三個歷史機遇,分述如下:

一個是大陸政策法令、與官方態度上的默許,從大陸政策法令上分析,大陸智慧財產權法規定侵犯智慧財產權不只是要「定性」,也要「定量」,也就是說,就算是侵犯智慧財產權,只要侵犯的數量不多,法律也不罰,同時,大陸近年開放許多原本屬於需要資格、審批之限制性的產業,為開放性、大家都可以做產業,如大陸在2007年取消手機製造需政府核准的入網證,讓以前在大陸被叫成是「野手機、黑手機或高仿手機」,隨著手機牌照的取消,絕大部分似乎被合法化,並被正名為山寨機。

拼裝這些手機的廠商既不是地下加工廠,又算不上正規軍。也造成山寨手機產品的蓬勃,而且,對於北京而言,這也是培養自己民族產業的機會,而且山寨在大陸民間流行已久,中國社會大眾推崇山寨,絕對是有社會心理基礎的。據瞭解,大陸民眾一般認為,在發達國家,每一個產品的誕生都是面對普通百姓的,而在中國大陸民眾心理卻不是這樣認為,大陸民眾認為,所有好東西它總是要經過富商大款、機關要員等階層後才能流傳到普通老百姓手中。但山寨打破了這條產品消費鏈條,在誇大社會階層消費能力的同時,直接把貌似高端的產品送到了普通百姓手中。

山寨產品文化現象,在大陸最具影響力、號成全球最多人收看的官方電視台中央台《CCTV新聞聯播》播出之後,大陸民間輿論一般評價說,「山寨現象徹底顛覆傳統行業潛規則,建立了以山寨文化為基礎的價值序列」。很多網友引用一句話,「存在即合

理」，既然山寨文化能夠存在，而且還風靡於中國，必然有它存在的理由，無需對其進行褒貶，應該任其自由發展。而且對於中國官方而言，山寨產品產業一方面牽涉到龐大就業人口，另一方面也是培養自己民族企業的好機會，所以在態度上，也採取默許的態度，甚至在政策方向上，做出有利的導引，例如，大陸官方自己要創造的3G手機標準TD-SCDMA，中國掌握自己的標準。這件事對山寨機未來的發展標準很重要。

具體而言，中國官方對「山寨」製造業的態度，以深圳為例。深圳「山寨」產品有一定的創新含量，尤其功能強大，價格低廉，關鍵是如何引導他們在應用功能方面樹立自己的品牌。對於那些在草根階段掙扎的企業，要往自主創新的方向加以引導和扶持。首先，中國政府支持「山寨」機在附加功能方面的技術含量，增加創新含量。其次，利用價格方面的優勢，支援他們培育自己的品牌。再次，支持他們利用性價比高、技術更新快的優勢，與「洋品牌」搶佔大陸國內市場。對「山寨」產品要一分為二地看。政府相關部門，對「完全假冒機」要堅決打擊，不要不加原則地縱容；但對那些因競爭激烈生存不下去，又有自有品牌的「山寨機」，要引導他們增加自身技術含量，引導他們走向正軌，讓其合法化、規範化。深圳政府「要像扶持中小企業一樣去扶持「山寨機」。一是政府設立公共技術平台，配備專門的研發人員；二是針對「山寨機」融資困難的問題，予以貸款方面的支持；三是大力促銷，組織下鄉產品，在大陸國內定期開深圳電子產品展銷訂貨會，在場地租金方面給予減免。而大陸稅務總局為鼓勵企業進行研發，日前發布「企業研究開發費用稅前扣除管理辦法」，企業可將研發費用加計50%並在稅前扣除；若以後有實際的研發成果並形成無形資

產，還可以加計50%在稅前攤銷，這也鼓勵了山寨機廠商的研發創新動機。

二是關鍵零組件與衛星工廠的成熟，這一點乃是得力於台商的幫助，以手機而言，可以說，沒有台灣的聯發科，就沒有大陸現在火紅的山寨機，沒有台商威盛，就沒有大陸的山寨本，以手機為例，由於有聯發科的整合晶片，與成熟的衛星工廠配合，在深圳只要有五十萬人民幣的資本，就可以創造屬於自己的手機品牌。

又例如「山寨車」，《北京青年報》定義山寨車說：「它沒有明確的定義，但與山寨手機相同的是，它也是在外觀上模仿其他著名品牌的車型，並進行一定的改頭換面，但還是讓人覺得眼熟；同時較低的價格讓它更為親民。」

大陸目前市場上的山寨車大多是指自主品牌，如奇瑞、比亞迪F3、雙環小貴族、長城精靈等，還有一些血統不夠純正的合資品牌車也被稱為山寨車，奇瑞汽車近年來在中國市場快速崛起，成為山寨奇蹟的代表性車廠，也是因為關鍵零組件與衛星工廠的成熟。尤其，台灣汽車零組件業者具有「少量多樣、快速對應」的實力，也讓中國山寨車實力如虎添翼，逐漸褪去山寨色彩，走向真正自主創新的品牌之路。

第三個歷史機遇是，因應大陸農村農民與城市民工階級消費預算與習慣的改良，創造而出的龐大消費市場，大陸八億農民的消費力，並不是還沒有形成，而是適合他們需求的價格與產品，有沒有出現？也就是說，中國本身市場雖然規模巨大，但其實也是個多層次、多元化市場格局已經形成，山寨產品成就於細分後的消費市場，滿足某種層次消費者「只買對的，不買貴的」的消費心態，例如，前述的有八支喇叭的手機，甚至最早的「娃哈哈可樂」，難道

不算是最早的山寨版可樂，他們在價格與產品功能上，滿足了大陸農民與城市民工，感情上、心理上、物質上、實用上，與現代化接軌的多重需求。這也增強了山寨文化出現的必然性，因為中國大陸從最初的電子產品到現在的各個行業，比如山寨蔡依琳、山寨版周傑倫等等，五花八門，層出不窮，為的就是要「扛著紅旗反紅旗」、「站在巨人的肩榜上看的更遠」，山寨可以說是現代社會中，一個快速行銷、吸引群眾眼光的工具名詞。

事實上，任何一種事物或產品的出現，都是有其合理性的。在他們的背後，無疑隱藏著一個巨大的市場。創新，是現代社會創造財富的巨大源泉和動力，從某種意義上來說，山寨產品無疑是觀念創新，思路創新的成果。先是以非常規手法遊走於主流圈子的邊緣，然後逐漸坐大，最終向正統勢力發起挑戰，甚至取而代之。山寨文化是以極低的成本模仿主流品牌產品的外觀或功能，並加以創新，最終在外觀、功能、價格等方面全面超越這個產品的一種現象。它的衍生物，將打破手機的束縛，而擴展到數位相機、滑鼠、鍵盤等等方面，它的副產品同樣可以在相關行業引發結構性震盪，精要的說大陸山寨文化產品的歷史，就是「學、比、趕、超」。

實務與理論應用篇

一、從消費者行為理論看中國山寨產品：
以山寨機為例

　　以目前中國人的收入情況來看，手機消費的支出一般占其月收入的10%～50%，大部分理性消費者（排除收藏者和丟失者）對於手機消費的開支都是固定在一個區間內，手機消費因此符合消費者行為理論的前提，消費支出是一個固定的佔有率。

　　手機在消費者心目之中究竟是一個什麼樣的狀態呢？通話和發簡訊的必需品，有時候可以兼作相機、MP3、MP4、遊戲機或者GPS。但是幾年前，市場上沒有一種品牌手機能夠集多種功能於一身的，買多部手機還是存在可能，這不是技術無法實現的原因，而是廠商根本不願意做這樣的手機。

　　對於任何消費電子，消費者都是在追求更加多的功能和更加時尚的外觀，功能和外觀的推陳出新，加劇了消費者更新換代的消費速度。因此，每一個新推功能的推出都可以作為一次有效的銷售機會，而廠商也有意讓產品留有缺憾和想像空間，甚至希望消費者因此而保有饑渴感，以便為未來新一代產品留下空間，這是消費電子廠商們非常喜歡玩的行銷遊戲。

（一）破壞規則

　　一次性的滿足消費者所有的需求，對於品牌廠商而言是一種忌諱，因為這樣會破壞新產品推陳出新的銷售系統，也破壞了牽引消費者去喜新厭舊的遊戲規則。

但是山寨手機作為行業的顛覆者，顯然不會去理會這些條條框框。它們無所顧忌地採用聯發科的晶片，這些晶片採取一步到位的方式，將娛樂手機、智慧手機等所有可能想到的功能和概念都集成到一塊晶片上，MP3、MP4、GPRS到手機電視，這些功能的想像空間，都被山寨手機一次性透支了，而且在山寨廠商配套力量的群策群力之下，消費者喜歡手機成什麼樣，山寨廠商就提供什麼樣的產品。更加重要的，這些多樣化的功能和外觀都很廉價，消費者獲取的成本非常低。

　　層出不窮、花樣繁多、價格也不貴的山寨手機，再次推動了人們對於購買手機的能力和熱情的二次釋放，存在即是合理的山寨機現象，反應了一個事實：在消費者收入既定的條件下，山寨手機的出現符合了消費者行為理論之中邊際效用遞減的規律，也就是說，迅速增加的新增功能，使這些功能的邊際效應（即消費者的新鮮感、饑渴感）迅速遞減為零，並一步到位地實現了手機總效用（即消費者對於手機的總體心理感受）的最大化，這種邊際效用遞減規律，才是將品牌手機廠商的消費推動體系瓦解的核心原因。

　　有兩個原因產生了邊際效用遞減：一是消費者對手機需求的生理或心理原因導致的；二是手機功能用途的日益多樣性決定的。

　　當過了臨界點以後，邊際效益遞減效益規律，已經讓手機功能和外觀的豐富程度變得再也不重要。

（二）動態競爭

　　在功能不足的情況下，每一項新功能和新外觀都會帶來手機總效用的增加，也會推動新的消費熱點產生，但是一旦功能和外觀

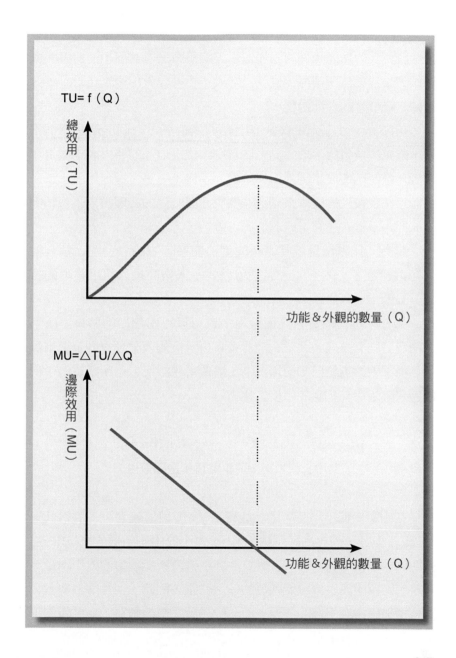

豐富多到「過於」豐富時，消費者就開始感覺麻木和厭倦，如果還是要將更多的功能和外觀添加進來，結果會適得其反，消費者因此會感到厭倦和無所適從，也就是進入了「邊際效用變為負數，總效用隨之降低」的負面過程。

這時候，大部分手機廠商已經別無選擇，一個出路是打價格戰，削減消費者對手機的支出佔有率，使得他們的轉換成本變得非常低，這時就造成了另外一種狀況：手機不再是一種耐用品，消費者願意花費較低的成本來滿足他們快速而時尚的心理需求，也正因為如此，手機在品質上略有瑕疵也會被包容。

還有一個辦法是脫離原有的價值體系，去跨界開闢一個其他「類消費電子」的空間，但是這需要手機廠商投入超乎常理的智慧，去衝出一條血路。

另外，用「消費者均衡原理」也可以得出類似的結果。所謂的消費者均衡原理，就是在消費者購買手機的貨幣預算固定、市場上各種手機的價格已知的情況下，消費者應該使自己所購買的手機的邊際效用與其相應的價格之比相等：

$$MU1 /P1 = MU2 /P2 = \cdots\cdots = MU \ n /P \ n = \lambda。$$
（其中λ代表不變的單位貨幣邊際效用）

當山寨手機出現時，因功能齊全（MU數值較大），價格低廉（P數值小），因此品牌手機的MU/P會小於山寨手機的MU/P，這說明同樣一個單位貨幣，在購買品牌手機時所能獲得的效用增量，要小於購買山寨手機所能獲得的效用增量，因此，理性的消費者肯定會增加對山寨手機的購買，而減少品牌手機的購買，直至新的等

式現成。這也迫使原本性價比不高的品牌手機，在產品上採用更多的功能和削減價格，以儘快實現和山寨手機之間的均衡。

（三）行銷新思維

邊際效用遞減和消費者均衡原理，也會導致手機業脫離外觀功能的單一競爭，進而去探求滿足消費者的個性需求，

這需要手機廠商搶在新的均衡出現之前，以最快速度推出新的產品來滿足新的需求，競爭的節奏被大大的加快了。比如奧運會期間有鳥巢山寨手機上市，《變形金剛2》開始火熱上映的時，山寨手機出上又趕緊推出汽車人和大黃蜂手機，山寨對於把握消費者的流行趨勢還是比較到位的，但是品牌手機廠商因為運作週期長，動作往往要慢上半拍。

現在，這種尋求速戰和多樣化競爭的思路，已經成為手機業的一種競爭力的體現，消費者的需求心理不僅細分化，而且變化很快，因此手機廠商必須要採用動態競爭的策略，搶在新的消費者均衡出現之前來最大程度地獲取商機。

另外，新的破壞式行銷也打破了原有的功能訴求體系，逐漸為手機業所接受。過去在功能和外觀層面的過度追求，導致手機廠商的行銷套路忽略了其他手段的採用，但是山寨手機的顛覆，使得整個手機行業對於消費需求和相應產業鏈開始的新的思維和探索。

iPhone的行銷思路也過多的為國內手機業所借鑒，和傳統手機有著非常大的區別，蘋果公司的運作很多都是通過推動流行時尚潮流來實現的，如通過極具蠱惑力的外觀設計和各種行銷傳

播組合，讓很多消費者在上市之前就對其充滿渴望，最後導致iPhone還沒有正式進入中國市場，中國已經有幾十萬的iPhone手機用戶，山寨手機則成功借力於這種饑渴行銷，獲得了自己的市場佔有率。

單純從手機產品的角度來說，iPhone並不算是最優質的產品，但是卻足夠的能夠刺激消費欲望。目前不僅是山寨，連諾基亞和三星都有很多類iPhone的產品上市。

當前很多行業的競爭已經和手機業一樣的激烈，企業如何去思考和顛覆傳統的競爭規則，創立新的行銷體系，山寨精神值得借鑒。

二、山寨產品的競爭策略揭祕： 以山寨手機為例

山寨手機對於產業和市場發展的功勞可謂頗大，中國巨大的手機需求量因山寨機的誕生而得到快速釋放，而山寨機給消費者帶來的外觀、功能與價格上的多重享受，以及山寨機產品近年來的層出不窮，大大加速了整個手機的更新換代，提前透支了很多人的手機消費能力。另一方面，拉美、東南亞、中東、非洲等地市場對於手機產品的巨大需求量，又進一步刺激眾多山寨機廠商們的信心和市場操作空間。山寨機企業有很強的創新和模仿能力，它們在整個產業鏈中進行明確的專業化分工、互相之間配合的協調，這些都給全球手機產業提供了全新的發展思路，而其與眾不同的市場競爭策略，尤其值得研究和借鑒。

（一）群體和個體的割裂表現

很多人投資於山寨手機行業，只是為了快速獲得收益，這個目標讓不少山寨手機廠商變得特別沒有長期眼光，而只是專注於產業甚至產品本身的投資報酬率（ROI）。

短視的經營目標，導致它們有時會忽視作為經營一個企業所必須看重的成長空間和市場佔有率，在短期行為肆虐的山寨手機產業，大部分經營活動都只是為了追求快速投入、快速變現，快速退出。很多產業資本投資於此，即便有過做大做強的雄心壯志，但是也無奈受影響於整個行業的不良風氣而不得不隨波逐流。同屬於針對歐美企業的模仿和超越過程，山寨廠商的表現和若干年前日、韓企業特別看重規模和成長，甚至忽視盈利顯得大相徑庭。

但是如果忽略山寨手機廠商的個體行為而看全局，整體上觀察整個山寨手機行業卻又是完全不一樣的另外一種情況。山寨手機行業的整體規模成長非常驚人，在短短幾年時間，就已經形成了整個產業的規模化、群體化發展趨勢，其市場佔有率正在不斷擴大，目前已經成為全球最大的手機生產群體，並因此而成為國產品牌正規軍節節敗退之後，依然能夠挑戰諾基亞、三星、索尼愛立信的本土產業力量。

從這個角度看，山寨手機行業呈現出一種非常有趣的現象，儘管個體效能不高、目標短淺，但是整個產業確是能效強大而且目標遠大，這是一個個體和集體分離的獨特案例。

每一個山寨手機廠商並不一定有明確的戰略目標，但是從整體而言，山寨手機行業本身卻正在實踐著非常成功的戰略目標，以「新奇

的外觀、創新的功能、低廉的價格」來釋放中國二、三線市場巨大無比的手機需求量，其競爭的目標也很明確：諾基亞等國際品牌。

為什麼會產生這種分離的狀況呢？儘管產業內部似乎顯得凌亂不堪，但整個產業全局確實井井有條，這是因為在這個產業鏈上，還是有很多力圖改變市場格局的變革者在苦心創造和維護這個體系，上游晶片廠商聯發科、為山寨手機提供配件的方土昶等，都對山寨產業的培育注入非常多的心血和努力，在它們的精心運作之下，山寨手機賴以壯大的環境因素才得以具備。不過也不能完全將山寨手機的成功歸功於上游廠商，大批工業設計公司、模具製造商、電池企業、液晶螢幕廠家、攝像頭提供商以及下游的專業市場，各級批發商，甚至簡陋的「售後服務」雲集在這個產業鏈內，是因為大陸國產手機和國際品牌的競爭已有8年，配套環境在大陸國產手機廠商崛起的階段就已經締造起來，它們對於環境的正向作用更大。

（二）看清產業和位置

中國手機行業的產業生態在2005年以後趨向於穩定，原本以完善的管道網路佈局、標竿行銷和價格戰等優勢站穩腳跟的國產手機品牌，並沒有成功穩固它們在二、三線市場的優勢，被國際品牌再次超越。

國產品牌所擅長的管道深耕和標竿行銷等戰術，和全品質管理、時基競爭、即時系統、改造流程、虛擬企業組織、學習型組織、變革管理等等所有志在改善經營效益的做法一樣，並不具備完

全的不可複製性，而以運營效益優勢獲得市場優勢，也並非是一種能夠一勞永逸維持優勢的長久之計。

因此，國產手機品牌能夠在短期內獲勝，是拜先發優勢之賜，當時的國際品牌還沒有辦法迅速地實現二、三線市場的佈局，沒有辦法迅速地推出低價產品，但是並不表示未來不可以。國際品牌還是有辦法迅速地對這些簡單的「優良操作」（best practice）進行複製，趕過超越最後只是時間問題。

當國際品牌祭出高薪之劍招攬中國各地的管道管控精英，然後將他們「沉降」到廣袤的二、三線市場，並開放低端產品的價格空間，然後把低價手機和管道精英們一起打到城鄉村鎮的集貿市場，國際品牌的優勢又回來了。

在此過程之中，國際品牌朝著已被國產品牌證實有效的運營管理方式前行，然後形成了所謂的競爭合流（competitive convergence），即最後的結果是國際、國產品牌在二、三線市場提供的產品和價格都沒什麼區別了。於是消費者被迫對這兩個因素以外的條件做選擇，而國際品牌的品牌優勢依然有效，於是國產手機又落後了。而且，由於並不掌握手機的核心技術，研發、管道和行銷成本都很高，產品利潤率很低，國產品牌紛紛遭遇到了巨大虧損，原本的優勢成了拖累和負擔。

山寨手機的萌芽就是誕生在這樣一個市場環境裏，很多山寨廠商最早都是國際、國產品牌的代理商，對於形勢變化，它們一般都有著比較深刻的認識。

可是就其從底端起步的方式而言，山寨手機的出發點，已經決定了其必須要接過國產品牌的戰旗，繼續和國際品牌手機廠商抗爭，開闢新的盈利空間。

（三）做選擇

中國大部分產業都在選擇以最大限度降低成本的方式來切入市場，儘管這樣的策略在勞動力和商務成本還具備明顯優勢的階段有效，但是當印度、越南這樣的國家迅速崛起而具備同等條件的生產要素、技術能力和人力成本時，低價策略已經不能奏效，這時候，實施差異化（differentiation）策略也許是一條不錯的出路。

山寨手機一開始也在謀求以低價取勝，以不到國際品牌手機一半的價格來打開市場。不過，山寨手機之所以能夠做到如此低價，倒並非是因為勞動力或者其他生產要素，而是科技行業特有的集成度變化帶來的，採用更高度集成設計方案的聯發科晶片，有著不容忽視的成本優勢，但高高在上的國際品牌卻又不願意接受這種破壞它們原有生態的產品，而它們依然借助品牌優勢制定高高在上的價格體系，卻把利潤空間留給了最早採用聯發科產品的山寨廠商。另外，國際品牌往往要耗費巨大的資金作為市場推廣成本，來幫助一款產品打響品牌，而這筆行銷費用最終會攤到每台手機上，由消費者來承擔。而山寨廠商則直接選擇了捨棄，跟隨和跟風國際品牌的產品運作，省卻了大筆行銷開支。

但是山寨廠商並非一體，它們之間的競爭也很厲害，當誰都擁有降低成本的祕密武器之後，這個武器在山寨廠商內部也就失效了。

在價格競爭失效時，所有山寨廠商不得不追求差異化競爭的突破，分析它們本身的價值鏈變得很有必要。手機產業和所有其他消費電子產業一樣，消費者心目之中的價值基礎，是通過一連串企業內部物質和技術的具體價值活動（value activities）和利潤

（margin）來形成的，當山寨廠商之間互相競爭時，其實也是內部多項活動在做競爭，這也就是所謂的價值鏈競爭。

很多山寨廠商開始剖析自己的價值鏈，分析自己在哪些活動中處於優勢，哪些活動中處於劣勢。其中，山寨廠商們盡可能得減掉價值鏈上品牌運作、售後服務等環節（這些方面投入很大，但和品牌廠商的差距卻又難於迅速縮小），將全部力量集中於產品開發和生產製造上。生產廠商因此首先會考慮運營效率的比拼，聘請經驗豐富的總經理，購置最先進的生產線，聘用EMS大廠的製造專家來管理生產，雇用熟練操作工24小時不分晝夜生產……但如果只是少部分的製造優勢，是很快能夠被模仿的，這些製造的條件很快就會被大部分山寨廠商所擁有，模組化的設計製造又讓產品的功能大同小異，運營效益趨同讓每家山寨廠商生產的產品性價比都差不多，消費者面對沒有品牌、品質類似、沒有售後服務的山寨手機幾乎別無選擇，只有挑選價格最便宜的。

這時，策略競爭成為必然的選擇。

（四）策略和整合

成功的山寨廠商幾乎都是從因地制宜開始的，它們按照各自自身的優勢，朝不同的方向發展。跨界進入行業的山寨廠商在從事手機生產之前，都從事於其他實體經濟運營，進入手機行業後，其他行業秉承的基因也被它們一起帶入。

正是這些原因，很多山寨廠商都開發出了別具特色的手機產品，如遊戲機手機、電擊手機，佛緣手機，監控手機、三防手機、驗鈔手機等等。在這些產品上，我們可以發現遊戲迷、安防專家、

佛教徒、軍警用器械專家、金融設備專家等手機行業外人士留存在手機產品上的智慧和經驗。

手機市場由此被別具特色的功能訴求區隔，形成細分化，具體化的產品定位，也由此形成了差異和細分的市場，也創造出了獨特的價值。而消費者則將注意力從價格上轉移開，根據他們不同的需求來選擇自己想要的產品。於是，策略競爭導致山寨手機廠商朝著屬於自己的不同方向發展，目標不同，競爭對手也變成了自己。

從價值鏈來看，這種定位於細分市場的競爭策略，實質上是另外一種類型的設限，國際品牌將自己的產品做成最流行，最大眾，力圖覆蓋所有用戶群，但是這些大眾產品往往是誰都可以使用，但也都有理由不用，因為不夠個性化。

而策略的制定其實也是限制自己的範圍，在策略可以明確了什麼要做，什麼不做。

山寨廠商並沒有實力做好一款普遍適合的產品，但它們有辦法去做好一款針對性特別強的產品，因此它們對自己設限（limit），如樂目公司因為具備戶外電子設備的開發經驗，因此它將樂目手機的開發完全限定於野外應用上：三防（防水、防壓、防塵），還裝上了好用的指南針和氣溫氣壓計，甚至還把手搖發電機也裝到了手機充電器上，在惡劣和多變的戶外使用環境之中，普通手機的功能，如多媒體，大螢幕因為耗電而反而變得沒有意義，因此樂目也就自認而然精簡了這些模組。同時，樂目還試圖構建一個三防手機獨有的價值鏈，在解放軍報和人民警察報上做針對性很強的廣告，還把手機設計成軍人、員警、武警專用的版本，手機的銷售管道也設定為銷售戶外野營裝備店鋪、軍用品銷售商店等。

　　天禧嘉福在製作佛教徒使專用手機「禪機」時，手機設計者利用其在佛學界廣泛的資源對手機的價值鏈進行了整合：遍訪名山大川的高僧，請他們為這款手機「開光」、題詞和提意見，也正是因為這些因素，使得諸多高僧對於佛學的修為涵養均集成體現在了這款手機的細枝末節……這些山寨手機廠商通過運作，將一連串可以互相支援的要素整合在了一起。

　　通過這些方方面面的整合活動，這些山寨手機廠商的某一點優勢衍生為價值鏈的整體優勢，這時，別的模仿者要進入就不是簡單的事情了，它們必須要模仿整個產業鏈的特色，而非某一部分特色。

　　整合帶來了整體競爭優勢，同時，整合也增加了模仿者的難度。

　　當然，國際品牌不會去做這樣的「小眾」產品，因為它們的運作成本很高，要從這樣的細分市場獲利很難，這些商業機會毫無疑問屬於山寨廠商。

　　現在，已經有很多山寨廠商都把自己設置成一個有獨一無二定位的小公司，而且很清楚自己要做什麼，能夠滿足哪一種客戶的哪一類需求，這就是山寨廠商的策略。

三、山寨常用之產品開發祕技：循環迭代法

　　循環迭代式的創新開發又被稱之為快速原型開發法，是逐步遞增模型的另一種形式。原型是指類比某種產品的原始模型，在軟體發展中的原型，是軟體的一個早期可運行的版本，已經基本反映了最終系統的一些重要特性。在消費電子產品的開發之中，原型是指一個早期可用的功能，能夠基本反映了功能的用途。

和有台灣之光稱號的「聯發科」合作，給大陸廠商「天宇朗通」手機研發工作帶來的正面作用是拯救性的，當天宇朗通的老闆榮秀麗決定搞手機的自主研發的時候，她從美國矽谷請來的研發團隊讓她在新產品上市之後因為產品不穩定而虧損了1個億。所幸的是，聯發科的Turn-key晶片解決方案在關鍵時刻幫助了榮秀麗，讓她及時控制和扭轉了局面，並在2007年一氣呵成推出了84款成熟的手機產品，一舉成為國產手機第一名。

　　現在，基於聯發科的平台，天宇朗通的天語手機已經開創了一種基於聯發科平台，但是又不完全依賴聯發科平台的獨立開發模式，比其他基於聯發科平台進行手機研發的山寨或品牌廠商領先了一大步。

　　天宇朗通在研發上選擇的是一條集成創新的路徑，也就是基於手機晶片進行多種功能的並行集成。

　　在2G和2.5G時代，天宇朗通儘管大量採用聯發科的晶片技術，聯發科也在其研發部門派駐了常駐的研發人員，但是天宇朗通還是要求研發人員不能過度依賴聯發科晶片，形成不好的開發習慣。榮秀麗要求研發人員採取一種所謂的「掛燈籠」策略，即在晶片的樹杈上研發可以掛上的「燈籠」，而不是在晶片的樹杈上生長出來的東西。不同的燈籠好比手機的不同功能，天宇朗通集成研發的含義是，在手機晶片上掛上各種燈籠，並隨著手機晶片軟硬體的不斷升級，這樣做的意義在於，功能和應用是模組化的，而非「生根」在晶片上，以後可以方便輕鬆地移植到新的晶片平台上。

　　這種可移植、模組化的開發策略，使其可以將各種模組應用過渡到各種不同的開發平台上，例如在3G時代，天宇朗通就選擇

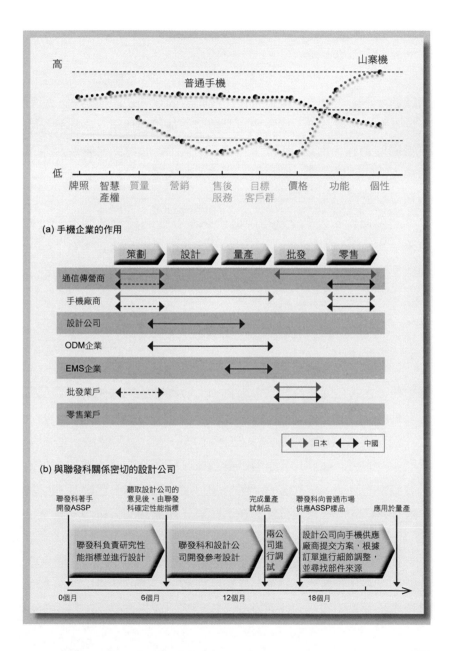

(a) 手機企業的作用

(b) 與聯發科關係密切的設計公司

了高通的平台方案,並在2009年推出第一款搭載微軟系統及高通晶片的高端手機E61。

天宇朗通研發的每一款產品所具有的功能,都以市場的不同回饋進行不斷修改,並被封裝在一個相對固定的功能模組內,隨著晶片平台的不斷升級,這些功能保持了一種相對穩定、不斷升級的平滑過渡過程。而之前所有的研究工作並沒有因為更換平台而荒廢,天宇朗通低成本、多功能、漂亮外觀的設計策略,在換平台之後還得以延續。

達拉斯德州大學管理學院博士孫黎在他的論文《突破「微笑曲線」的枷鎖》中認為,天宇朗通的掛燈籠策略,其實本質上是一種典型的循環迭代式(Multiply design iterations)創新開發方法。

(一)用戶的開發力量

循環迭代式的創新開發,是高科技研發之中最有效通過和未來用戶(尤其是能夠為產品帶來更加借鑒和靈感的領先用戶)互動來推動產品開發的方式。

循環迭代式的創新開發又被稱之為快速原型開發法,是逐步遞增模型的另一種形式。原型是指類比某種產品的原始模型,在軟體發展中的原型,是軟體的一個早期可運行的版本,已經基本反映了最終系統的一些重要特性。在消費電子產品的開發之中,原型是指一個早期可用的功能,能夠基本反映了功能的用途。

快速原型開發策略,是在開發真實系統之前,構造一個大概的原型,在該原型的基礎上,逐漸完成整個系統的開發工作。其開發過程是:先建造一個快速原型,實現客戶或未來的領先用戶與系

統之間進行不斷的交互，原型不斷修改，用戶對原型反復的評價，這個過程進一步細化待開發產品的需求。通過這樣一個循環迭代的過程，逐步調整之後的原型已經開始無限接近用戶理想狀態之中的終極產品，用戶的各種要求越來越多得被滿足，而開發人員也從中瞭解並確定客戶真正的需求是什麼，這樣，最終產品就被開發出來了。

　　整個過程可以如圖1所示：

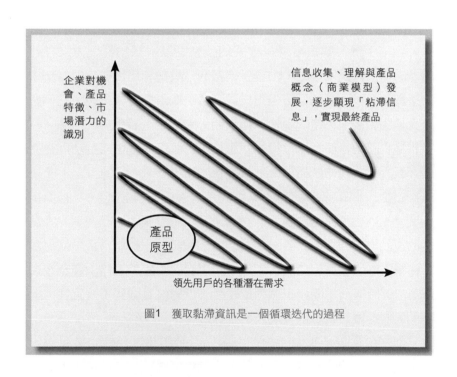

圖1　獲取黏滯資訊是一個循環迭代的過程

　　有網友如此評價中國最大的線上IM公司通訊的產品開發過程：「騰訊複製一個新專案通常都是以下流程：先弄個很爛的雛形

扔給用戶看他們的反應，有什麼不足讓都用戶去想，等用戶『問候』夠了就慢慢改進。改到用戶覺得還可以忍受了，就開始給用戶灌迷魂湯了：想要更貼心的服務麼？想要更強大的功能麼？想要更「尊貴」的身份麼？想把其他用戶當球踢麼？只要成為X鑽用戶，交10元保護費就能成為「貴族」啦，不然等著挨踢吧……」

（二）循環迭代法的行業應用

山寨手機行業很早就自髮式的學會了以「試錯性」方式存在的多品種平行競爭機制，山寨手機廠商一般都和用戶有著非常緊密的接觸和交互，並把這一過程貫徹到了手機研發上。一般，它們會小批量開發多種用途的手機，把它們丟到市場上看用戶的回饋，然後根據實際銷售情況以及獲得回饋資訊，將第二批第三批功能更完善，設計更合理的產品加大批量發售到市場上。

這是一個和原有品牌手機廠商不一樣的研發模式，一方面，山寨產品內各子模組之間平行展開研發，可以快速形成多型、多功能的產品；另一方面，各子模組的內部資訊被「封裝」後，使每個子模組內的研發進程免受新晶片、新平台的干擾，這樣山寨企業家就可以同時靈活地開發多個備選產品，以對付風險與不確定性。天宇朗通的掛燈籠戰略是一個最典型的例子。

而這，也正是我們能夠在市場上看到如此之多的山寨手機、山寨上網本型號的根本原因。通過小批量測試市場，然後才大規模生產的投石問路方式，山寨手機廠商成功地實現了和在地市場的深度交互，最大限度地利用了區域產業集成的優勢。

　　循壞迭代方法在其他行業的應用和很多，如日本豐田汽車的研發過程發就是用了很多的循環迭代法，豐田一般會與上游供應商保持更柔性的多項開發方案，經過多次反覆，才最後定型，這種看似浪費的做法，實際上保證了開發過程的探索歷程，使最後定型方案比美國汽車製造業的直線優化方式得出最終的效果更佳。

　　寶潔在研發新的洗髮水時，也是大量製造和派發「試用包」，並以此來大量搜集用戶的使用回饋，然後不斷修改，最終大規模量產結合了各種意見的最終產品。這種方式確保了市場上大部分消費者都會喜歡這樣的產品。

　　對寶馬汽車碰撞性能研發過程，應用電腦類比的研究也發現，電腦類比可以加速循環迭代過程，並從更多元的技術可能性中，快速有效地挖掘更好的替代方案。

　　從80年代開始，快速原型開發法在各行各業得到廣泛應用，如圖2所示：

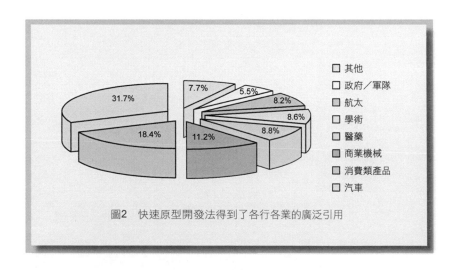

圖2　快速原型開發法得到了各行各業的廣泛引用

快速原型開發法與傳統的原型法有如下不同特徵：

1. 增加循環的次數，加速迭代過程，從而增加了成功的概率，尤其是研發途徑不可預料時；

2. 加速研發人員對產品概念的理解，從而獲得對參數敏感性與設計穩定性的直覺，使研發過程成為一個學習探索的過程；

3. 提高了研發人員對黏滯資訊的認知能力，能根據客戶的多變數的要求進行調節，更易獲得合理、協調一致、無歧義的、完整的、現實可行的需求說明。而迭代過程也提高了研發人員的自信心；

4. 提高了領先用戶的參與興趣，在一個簡單的、但可以運行的系統原型上，用戶試用中可以更早澄清並檢驗一些主要設計策略，通過反覆評價和改進原型，減少誤解，彌補漏洞，適應變化，最終提高了產品的設計品質。

5. 企業雖然在模型上付出一定成本，但在最終產品上可以通過大規模應用得以回收。

實戰篇

以山寨手機為例

一、山寨手機的超級模仿秀

（一）「克隆」（Copy）奢華

極盡奢華的頂級手機，一直是國人可望不可即的奢侈之物，但是因為有了山寨手機，花費幾千元的代價，就可以享受到價值幾十萬甚至到上千萬的Goldvish、Vertu、Christian Dior、TAG heuer和AURA帶來的奢華感受。當然，奢華本來就是一種虛無縹緲的感受，只要你相信手裏的手機價值上千萬，這種虛無縹緲的感覺就真的觸手可及了。

對於山寨手機廠商而言，耗費最大的人力物力去打造一款所謂的精品手機，也絕對超越不了幾百元這手機的本來價值，但因為它是某個頂級手機的高級仿製品，所以賣個三、四千人民幣也絕對不會有人說貴，因為正品的價格，是高仿品價格的幾千至幾萬倍。

而這，就是高仿手機的巨大利潤空間所在。

1、Goldvish高仿手機

這是一款Goldvish限量版手機Plato以純白金打造外殼，並在上面鑲嵌了總共120克拉的VVS-1級別的天然鑽石，而且全球限量100台，要想買還得先預定，價格也高到難於想像，100萬美元。

把手機當成奢侈品的瑞士珠寶公司Goldvish一直在全球限量銷售最昂貴的手機，其有史以來銷售的最便宜手機，價格也超過

2.5萬美元。在2008年年底，Goldvish又推出的一款名為「Le Million」的奢侈手機，而且只在全球限量銷售3台，18K黃金打造的機身上下鑲嵌滿了價值2萬到12萬歐元不等的VVS-1鑽石，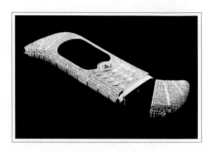整部手機的售價超過了1,000萬人民幣。

　　毫無疑問，Goldvish手機是全球頂級富豪的首選，但是對近年來崛起的新興中國富豪們而言，Goldvish還是有點過於奢侈，手機的價格總歸不能脫離其作為手機的本來價值而高高在上的存在，上千萬人民幣的價格，和中國有錢人的心理價位相比還是有著不小的落差。所幸的是，中國的山寨手機廠商最能解決這樣的心理落差難題。

　　一款名為圓月彎刀鑽石版的手機在2008年下半年推出，這款手機從外觀到作業系統都將Goldvish的限量版手機Plato模仿得唯妙唯肖。

　　山寨版的Goldvish Plato不是以白金為殼，而以24K金包裹機身，全鑽的會在機身上鑲滿水晶，而無鑽只有在方向按鍵上鑲嵌多顆水晶，手機三圍140×42×20mm，1.6寸螢幕與機身完美融合，基本秉承了正品近乎完美的外觀設計，24K金加幾顆水晶同樣顯得熠熠生輝，質感在山寨手機之中也是屬於最好的一類。圓月彎刀的機身、按鍵、聽筒，做工都非常細膩，可以看得出山寨手機廠商正在表達一種強烈的意願：即使是個山寨手機，但是作為一個奢華手機的高仿品，也一定要做得能夠彰顯尊貴。

| 圓月彎刀手機相關參數 |

【支援語言】簡體中文、繁體中文、英文、記憶容量大可支援多國語言

【螢幕參數】1.6吋26萬色、分辯率：176×220px

【來電鈴聲】64和絃、支援格式：MP3/MP4/midi

【音樂播放】支援MP3後台播放、藍芽身歷聲

【影片播放】3GP、MP4、支援3GP.MP4全屏播放

【資料傳輸】支援USB直讀

【圖像格式】jpg、gif

【遊戲平台】模擬遊戲

【通　訊　錄】1000組電話、支援來電鈴聲、分組鈴聲

【簡訊多媒體】200條簡訊、支援多媒體

【開　關　機】支援定時開關機

【鬧　　　鐘】5組鬧鐘，可用下載的MP3做鬧鐘鈴聲，同時設置星期一到星期天的鬧鐘

【內建遊戲】3款普通遊戲

【其他功能】MP3功能、MP4功能、免持通話、簡訊群發、錄音功能、WAP功能、GPRS下載、MMS多媒體、完美手感、鬧鐘、備忘錄、世界時間、計算機、單位換算、匯率計算、健康管理

【適用網路】GSM

【適用頻率】900/1800MHz

【通話時間】100-280分鐘

【待機時間】200-300小時

【上市時間】2008.09.10

【外　　形】直板

【尺　　寸】123×46×17mm

【重　　量】160

【可選顏色】如圖顏色

【推薦係數】★★★☆☆

【參考價格】全鑽RMB3500元以下，無鑽1500元以下（以下均指人民幣售價）

【哪裡有賣】深圳福田區華強北桑達電子通訊市場等

2、Vertu高仿

作為奢侈品，相對於Goldvish，開價10萬人民幣的Vertu就顯得樸實許多了，但是相對於手機本身而言，花掉幾萬人民幣的Vertu購買者還是顯得有些心有不甘，對於Vertu的品質問題和功能簡陋的批判是這種心態的一個直接反映。

但是Vertu還是歐美富豪和中產階級顯示成功身份的一種常有附屬物，這個諾基亞的下屬品牌從1998年創立至今，11年的苦心經營還是讓它在全球建立了堅實的消費基礎。

在中國山寨市場上，Vertu的各款產品一直是重要的仿製對象，市場上的Vertu仿製機有上百種，價格也從700元到3,000元不等。由於Vertu一直是採用鈦合金機身和真皮配飾，所以一般情況下，用普通金屬外殼模仿的山寨Vertu就顯得沒有底氣。但是還是有很多捨得花血本的山寨手機廠商能夠把仿製Vertu做得很專業。2008年8月上市的高仿品Vertu267就是其中之一。

Vertu 267也是採用堅固耐用的鈦金屬作為機身，而除了金屬部份，顯示幕方面則採用了防刮的藍寶石水晶玻璃，再配上機背頂部一塊真牛皮，鍵盤也是採用了正品Vertu慣用下行箭頭排列，按鍵彈性很好，手感很舒適，整個手機拿在手裏手的品質感也很不錯。

值得一提的是，鏡頭旁邊的自拍鏡也是多面切割寶石來的，比起一般機型的平民鋼面自拍鏡，奢華尊貴十足。而正品Vertu獨有的六顆鉚釘在山寨身上也沒有省去，看上去很精緻、很「手工」，即便是拆下的山寨Vertu電池，上面的Vertu標誌也很清晰，一點都不愧對其高仿的身份。

｜Vertu 267手機相關參數｜

【音樂播放】支援MP3後台播放、雙揚聲器重低音輸出、超震撼聲喇叭

【視頻播放】3GP、MP4、支援3GP.MP4全屏播放

【相機畫素】高清攝像

【拍照描述】支援有聲攝像，時間根據記憶體大小而定

【記 憶 體】761K/512MB支援2G TF卡擴充

【可選語言】簡體中文、繁體中文、英文、法文、俄文、阿拉伯文，
　　　　　　記憶體容量大可支援多國語言

【其他功能】MP3、MP4、藍芽

【產品外形】直板

【尺　　寸】112×42×17mm

【重　　量】150G

【可選顏色】褐色

【螢幕材質/類型】彩色螢幕

【螢幕色數】26萬色

【解 析 度】176×220px

【螢幕尺寸】2.0吋

【包裝重量】0.65公克

【上市時間】2008年8月11日

【標準配置】兩電（BL-5CV）、充電器、數據線、耳機、512MB

【適用頻率】850/900/1800/1900MHz

【適用網路】GSM

【通話時間】100-380分鐘

【待機時間】200-400小時

【推薦係數】★★★★☆

【參考價格】RMB1200元以下

【哪裡有賣】深圳福田區華強北電子通訊市場

3、其他Vertu高仿推薦：Veptu（注意：不是Vertu）系列

而且Vertu 267的顏色搭配也是它的一大亮點，用戶比正品Vertu多了很多選擇。

Veptu擁有和Vertu及其接近的外觀設計，以及略微超越Vertu的硬體規格。都說「盜亦有道」，Veptu也顯得很敬業，在標準版機型上鑲嵌了顆3.3克拉鑽石和24K鍍金外殼，以及真皮外套，從架勢上看似乎一點也不比Vertu含糊。

Veptu的生產公司深圳市力偉通訊科技有限公司也是顯得非常的專業，在互聯網上建立了自己的英文網站，並在網站的顯著位置打上了「The VEPTU - Luxury Mobile Phones」的slogan，同時還將其全系列產品的目錄和價格單放置在了網頁上，價格從275美元到650美元不等，但都是清一色的Vertu高仿機。Veptu的總體特點是：功能簡簡單，但是材料奢華。

4、Christian Dior高仿

國際知名的時尚品牌Christian Dior（克里斯汀・迪奧）也在2008年耶誕節來臨之前推出一款旗下奢華時尚手機，這款Dior新機其實早在2008年的6月份已經有消息曝光了，這款迪奧新款手機起價為人民幣3.5萬元至人民幣14萬元之間，沒有鈦合金剛性的外殼，比起Vertu來，從時尚品牌跨界而來的克里斯汀・迪奧就顯得比較柔軟和秀美，但是克里斯汀・迪奧顯然是一個很值錢的女性品牌。

對於這種有很大價格落差空間的產品，中國的山寨手機廠商一直嗅覺敏銳，在迪奧手機推出之後不久就組織研發，在迪奧手機

| 尊貴迪奧手機相關參數 |

【上市時間】2009年4月28日
【適用網路】GSM
【適用頻率】900/1800MHz
【通話時間】140-200分鐘
【待機時間】120-180小時
【標準配置】兩電（1100毫安培培培）、
　　　　　　充電器、數據線、耳機
【類　　型】翻蓋
【尺　　寸】105×48×15mm
【重　　量】115公克
【顏　　色】紅色
【解 析 度】240×320px
【螢幕色數】26萬色
【螢幕尺寸】2.8吋
【記 憶 體】503K可支援4GTF卡擴充
【擴展支援】藍芽檔傳送、藍芽耳機（語音）
【資料傳輸】支援USB直讀、藍芽檔傳送、藍芽耳機（語音）
【主流功能】雙卡雙待、FM調頻收音機、金屬手機
【內建遊戲】2款普通遊戲
【音樂播放】支援MP3後台播放
【視頻播放】支援3GP、MP4
【電 子 書】txt，可下載大量電子書閱讀
【收 音 機】FM調頻收外放需要耳機
【拍照描述】支援有聲攝影，時間根據記憶體大小而定
【機身通訊錄】500組名片式電話、支援來電鈴聲、分組鈴聲、來電大頭貼
【其他功能】MP3、MP4、藍芽功能
【推薦係數】★★★☆☆
【參考價格】RMB1200元以下
【哪裡有賣】深圳市華強北遠望數位城、東方時代廣場

正式進入中國時，山寨迪奧也同期面市了。不過有意思的是，當迪奧正品手機進入中國時，也有很多人覺得其有點平庸的外觀，很像是山寨手機……

在這張揚個性，追求時尚，捕捉潮流的時下，品牌享有盛譽的迪奧手機肯定會是一些定位於高雅的女性消費者不願錯過的選擇。而對於中國諸多的城市時尚女性而言，自己不是頂級貴族女性，但是也絕對想享受一下使用迪奧手機的尊貴感覺，其中很多人就不會錯過這款山寨版的迪奧手機。一樣有著熾熱的紅色，鑲嵌著璀璨的鑽石和舒適的皮革，當然，對於附庸風雅的男士而言，選購一款物超所值，但是又體現尊貴的迪奧手機，去取得傾慕已久的芳心，只要自己不「穿幫」和沒有人告密，還是很有殺傷力度的。

5、TAG heuer高仿

2008年，著名的瑞士手錶製造商泰格・豪雅（Tag Heuer）聯合法國的手機製造商Modelabs，一起發佈了一款名為Meridiist的奢華手機，這款手機採用了不銹鋼材質，兩塊藍寶石抗刮螢幕保護塗層，主螢幕為1.9英寸QVGA解析度TFT，用於精確顯示時間的OLED副螢幕解析度為96×76畫素。該手機還具備200萬畫素攝像頭，多媒體播放器（支援MP3/MP4/AAC格式檔）以及藍芽等主流功能。目前根據外殼材質的不同價格從5,420美元到6,216美元不等。正品發佈不久，中國市場馬上出現了1:1的高仿山寨產品，除了原有功能之外，還添加了MP3、MP4、藍芽等功能，做工也比較精細，和正品沒有太大區別，這似乎驗證了山寨行業說了好幾年的一句老話：「在仿奢侈品的時候，山寨向來是比較精緻的。」

| 豪雅山寨手機相關參數 |

【網路頻率】GSM 900/1800MHz、雙卡雙待
【手機螢幕】26萬色2.0英寸
【相機畫素】200萬畫素CMOS
【記憶插卡】T-FLASH（內建）
【標準配件】鋰電池（1000mAh）兩塊、充電器、傳輸線、耳機
【顏　　色】紅
【通話時間】240-460分鐘
【待機時間】240-460小時
【電 話 本】可儲存1,000條名片式電話本、來電群組、來電鈴聲
【簡訊多媒體】可族存200條簡訊、MMS多媒體、群發簡訊、社區廣播、語音
　　　　　　信箱
【鈴　　聲】64和絃、支持MP3鈴聲、超震撼聲低音喇叭
【待機圖片】支援動態
【其他功能】情景模式
【攝 像 頭】200萬象素
【多 媒 體】支援MP3播放、支援背景播放、支援多種數位格式、支援
　　　　　　MP4、3GP格式有聲電影播放
【記憶體容量】2M
【資料傳輸】USB資料傳輸、藍芽傳輸
【內建遊戲】4款內建遊戲（智慧拼圖、麻將連連看、直升機、機器人下樓）
【上網功能】支援WAP上網功能、GPRS下載
【基本功能】MP3/MP4視頻播放、鬧鐘5組、世界時間、計算機、相薄、VIP
　　　　　　加密、黑名單、日程表、錄音、飛航模式、日曆、超級QQ、魔
　　　　　　音變聲、藍芽傳輸、遠端控制、多媒體簡訊……
【參考價格】RMB1400以下
【推薦係數】★★★★☆
【哪裡有賣】深圳福田區華強北桑達電子通訊市場等

6、AURA高仿

｜最常見的AURA仿製手機「天語599」相關參數｜

【網路制式】雙卡雙待
【外觀樣式】旋轉螢幕
【攝 像 頭】30萬畫素
【高級功能】三防功能
【主螢幕尺寸】2.4英寸
【適用網路】GSM 900/1800MHz
【尺寸重量】99×49×22mm/96g
【手機螢幕】240×320px、26萬色2.4吋TFT
【記憶插卡】TFlash、送256MB TF
【重要功能】精鋼機身更具質感，並且加入了雙卡雙待、藍芽傳輸
【原機配件】兩電（1200mAh）、一充、數據線、耳機、256MB TF卡
【機身顏色】海軍藍
【推薦係數】★★☆☆☆
【參考價格】RMB900元以下
【哪裡有賣】深圳福田區華強北桑達電子通訊市場等

　　低迷已久的摩托羅拉在2008年終於依靠以精湛工藝製造的AURA賺回了不少口碑，其材質的使用非常的奢侈，其全金屬的外殼和藍寶石的顯示幕顯得非常奢華，但是不知道為何，山寨手機廠商對AURA的仿製卻顯得非常的吝嗇，在市場上幾乎看不到真正算得上是逼真的機型，雖然外觀相似，摩托羅拉的LOGO、經典的旋轉螢幕，這些仿製都很逼真，但是幾乎沒有一款山寨AURA是採用全金屬材質和藍寶石顯示螢幕的。所有仿製品都採用塑膠外殼和普通顯示螢幕，價格也都在800元上下。

山寨廠商對於AURA的冷落也許顯示著另外一個事實，如果要做到貨真價實，山寨和正品AURA的價格差並不大，也就是沒有太多的利潤空間。

（二）山寨機用模仿趕超iPhone

很多中國的消費者已經深深地覺得自己被蘋果公司傷害了，因為今年的早些時候蘋果發佈了一幅所謂的iPhone分佈圖地圖，憤怒的中國iPhone迷們發現只有自己所在的中國和非洲是全球範圍內僅有的兩大塊iPhone空白區，現在，在iPhone第三代產品iPhone 3GS正式發佈的當下，蘋果終於宣佈和中國聯通進行合作，將iPhone正式引入中國，但是出乎預料的是，蘋果並不準備把最新款的iPhone帶入中國，而是已經過了時的第二代：iPhone 3G。儘管消費者很憤怒，可是中國的山寨廠商卻歡呼雀躍，感謝蘋果公司對中國市場如此的「歧視」，給山寨廠商創造了巨大的市場機會，去填補一個對iPhone趨之若鶩卻又沒有辦法得到的巨大市場。

1、魅族：最看重品牌的山寨

2009年2月18日一早，全國各地的魅族專賣店門口都排起了長長的隊伍，這天，是中國最大MP3生產企業珠海魅族科技有限公司最新款手機M8的首發日，成百上千自稱的「魅粉」的魅族追隨者，伸長著脖子等在魅族專賣店門口，等著搶購一台M8。

這樣的場景，似乎只有蘋果公司iPhone上市時才會出現，然而，無數魅粉苦苦期待了一年多，千呼萬喚始出來M8，無論從外

觀還是內在，都是一款和iPhone極其相似的智能手機。M8毫無疑問是魅族進軍手機業的試金石，和市場上多如牛毛的iPhone仿製手機相比，魅族M8並沒有借助聯發科的智慧手機平台，也沒有在自己的手機上應上任何和iPhone相似的標識。事實上，魅族一直在秉承自己在MP3時代就養成的自主研發的習慣：底層軟體發展、功能設計、外觀設計，這些都要魅族自己開掌控，這款M8從2007年發佈資訊到2009年，研發過程經歷整整2年多時間，而且中間幾經波折，「光M8的作業系統就開發了整整三版，前兩版手機其實都可以使用了，但最後因為老闆不滿意，只好推倒重來。」負責研發的魅族高管這樣說。

就作業系統而言，M8的「My Mobile」幾乎全盤照抄iPhone OS，雖然在操作流暢性上遠不及iPhone，但對那些從未接觸過iPhone OS的使用者而言，其體驗還可接受，而且新用戶其實也很難發現魅族的My Moblie其實是一個以Windows CE系統為基礎的，由魅族自己的開發團隊參照iPhone OS改寫了包括文件管理器在內的所有用戶介面，並徹底隱藏了Windows系統原有的醜陋視窗。而值得欽佩的是，魅族極其敬業地將M8的電容觸控螢幕所搭配的滑動特效嵌進了作業系統，而非像普通山寨iPhone使用的觸控介面軟體那樣只是的單獨存在，而M8的外觀設計，其實也是從最初的鍵盤，演進如同iPhone的全觸屏。

而M8內置的Opera流覽器也算得上優秀，它幾乎就是一個移動版的Safari，儘管流暢度和打開網頁的速度都不甚理想，但已經比山寨iPhone上那些總是把網頁「拆散」的手機流覽器好太多。而M8另一個值得讚歎的優點，是其視頻播放能力遠勝於市面上所有其他手機——包括以視頻播放著名的巨集達Touch HD的視頻播放能

力。在第三方插件的幫助下，M8的視頻播放器幾乎支援所有視頻格式，能夠流暢播放不超過DVD解析度的影像，甚至能夠支援外掛字幕，很多體育迷甚至認為M8是一個不錯的移動觀看NBA的解決方案。

自有作業系統的穩定性和軟體發展難度等等原因，所有這些問題都讓魅族手機的推出時間一延再延，當M8正式推出之後，國內手機市場已經與兩年之前發生很大變化。原本希望以學習iPhone甚至超越iPhone而在中國市場上能夠獨樹一幟的魅族發現，兩年後市場上的iPhone仿製品多達上百款，而且都是八仙過海，各自具備一些無法複製的優勢。儘管依靠MP3時代積累的一批粉絲還能夠成為進入手機業的基礎，但是魅族面對的問題也是顯而易見的。

從發展路徑看，魅族M8和蘋果有某些類似之處。比如，與蘋果以iPod切入電子消費品市場，而魅族也是在2004年依靠MP3進入了該領域。其實，MP3市場是手機之前的另外一個山寨市場，在銷售山寨手機之前，深圳華強北的各大電子市場其實都是在銷售形形色色的山寨MP3，只是後來MP3功能被手機替代而整個市場消亡。在MP3時代，國內的MP3廠商一般都會通過擴大規模和降低價格來獲益，但魅族MP3卻堅持不盲目追求規模，不犧牲品質，維持高端產品的價格。到了2007年，魅族終於成為年銷售額超過10億元人民幣的國內MP3市場第一品牌，並擁有大量忠實用戶——魅友。

在手機市場上，另類的魅族能夠複製之前的成功路徑嗎？

在外人看來，魅族的成功還是頗要受一些考驗。首先，它不是正規的手機廠商，這意味著它以前在手機市場並沒有多少的積累，甚至現在銷售M8的管道，也都是之前魅族MP3的通路轉變來的。但是魅族又不願意降低身份和山寨手機同流合污，也不願意正

視M8目前還是缺乏足夠的自主創新而以模仿為主的山寨手機這樣一個事實，只是，M8還是無可奈何的在和所有的仿iPhone山寨手機直接競爭，在2009年6月的一次價格調整，M8的8G版本價格已經降低至2千元，已經和一些高端的山寨iPhone相差不多。

M8力圖獨樹一幟的發展路徑卻也正在遭到質疑。因為準確來說山寨iPhone的背後不是一家公司而是一個完整的產業鏈條，從晶片廠商聯發科、設計廠商聞泰、希姆通、還有各種集成商，而蘋果iPhone更是利用AppStore打造了一個偉大的蘋果產業鏈，相比AppStore的數萬個應用程式，目前的M8只有300多個第三方軟體，為M8開發軟體並不能像在AppStore上銷售應用一樣賺錢，大多數M8上面的應用都是免費的，開發者的收入只能來自於用戶的自願捐助，有心者再以此為資源推出更高版本。而在魅族開發M8的兩年內，整個山寨產業鏈的更新速度非常快，從仿製iPhone和iPhone 3G到仿製現在剛推出的iPhone 3GS，山寨iPhone已經隨正品的推陳出新而連續升級了三次，習慣於精雕細琢的魅族，不知道會在下一代M9上消耗幾年時間？到那時魅族還能應對整個市場的變化麼？

不過魅族目前的「自我意識」已經很強，在M8的軟體池中，我們可以找到輸入法、文檔編輯器、QQ和MSN聊天軟體、PDF和電子書閱讀器等常用軟體，甚至《仙劍奇俠傳》這樣的中國大型遊戲也有，甚至還有對應於AppStore的「軟體盒子」。但是M8沒有設置諸如Facebook和Twitter等在美國熱門網站用戶端，但用於炒股的「大智慧」軟體和專門用來泡天涯社區和貓撲網等熱門中國論壇的「3G壇」，這些富於中國特色的終端顯然更實用。

| 魅族M8（8GB版）手機相關參數 |

【手機制式】GSM

【支持頻段】GSM900/1800、GPRS、EDGE

【上市日期】2009年2月

【外觀設計】直板

【產品天線】內建

【機身顏色】黑、白

【產品尺寸】108×59×12mm

【攝像頭畫素】320萬畫素

【作業系統】Windows CE6.0

【處 理 器】667Mhz頻率CPU

【機身記憶體】256（RAM）＋8192（NAND）MB

【主螢幕尺寸】3.4英寸全視角LCD

【螢幕參數】LCD、支援多點觸摸操作、1,600萬色彩屏、720×480分辯率

【鈴音描述】可選MP3、AAC及和絃Midi鈴聲等格式

【待機時間】帶SIM卡179小時

【標準配置】1200mAh鋰電池、帶有麥克風的EP20身歷聲耳機、連接到PC
的USB線纜、USB電源充電器、產品體驗手冊、擦機布

【移動電視功能】DMB數位電視

【多 媒 體】DMB數位電視

【特殊功能】可根據光線強弱自動調節螢幕亮度、能感應手持狀態自動調節
螢幕顯示方向

【其他功能】情景模式、待機圖片、鬧鐘功能、日曆功能、計算機、日程
表、語音撥號、貨幣換算、單位換算、世界時鐘、備忘錄、來
電鈴聲識別、來電圖片識別

【其他特點】重力傳感

【參考價格】RMB2000元以下

【推薦係數】★★★★☆

【哪裡有賣】中國各地魅族專賣店

也有樂觀者認為，如若能在外觀上擺脫和功能上模仿iPhone，並繼續優化作業系統、豐富使用的應用軟體，魅族大有希望擺脫「山寨」之名，成為值得尊敬的品牌手機大廠。

（三）iPhone群仿亂舞

中國的消費者真的那麼渴望iPhone嗎？那麼由山寨廠商來滿足這種需求吧。於是，千奇百怪，形形色色，各種尺寸的仿製產品像潮水一樣湧向市場，後蓋可以隨意打開，電池能夠自由更換，還有雙卡雙待的iPhone，彩色的iPhone，大尺碼的iPhone、小尺碼的iPhone、電視iPhone、還有預裝Windows mobile系統的iPhone……iPhone有的，仿製品都有，iPhone沒有的，仿製品也具備。

1、按圖索驥的iPhone三代

在iPhone 3GS剛發佈不到半個月，山寨版的iPhone 3GS就已經上市，在山寨廠商對於iPhone的仿製可謂前赴後繼和登峰造極。

儘管我們才剛剛揭開第三代iPhone的神祕面紗，我們已經能夠看到山寨版的iPhone三代在市場上銷售了。這款仿製三代iPhone的手機不再延續前2代蘋果總體圓潤的外形，而是採用線條更加硬朗的矩形外觀，連手機上面唯一的按鍵也相應的變成了正方形，機身後殼尾部帶弧度，正面平直，總體呈現簡約的銀灰色外觀，線條流暢但沒有了前2代iPhone的圓潤。手機後蓋上面也索性印上了「iPhone TV」標誌。總體來說，iPhone TV在仿製酷似iPhone3時也並沒有完全去Copy，而是更加注重於手機的操作方便性，機背尾部呈梯田造型也算是一種外觀上的模仿創新了。

| iPhoneTV手機相關參數 |

【上市時間】2009年
【網路類型】GSM
【外觀樣式】直板
【主螢幕尺寸】3.5英寸
【螢幕顏色】26萬
【機身顏色】738
【鈴　　聲】64和絃
【攝 像 頭】320萬畫素
【儲存功能】TF（MicroSD）卡
【高級功能】電視播放、MP3播放、收音機……
【參考價格】RMB700元以下
【推薦係數】★★☆☆☆
【哪裡有賣】深圳福田區華強北桑達電子通訊市場等

2、多機殼iPhone

　　iPhone原版的機殼是不能動的，於是山寨就拼命在機殼上下功夫，針對有些人天生猶豫不決的個性，推出雙機殼系列山寨iPhone，買一送一，買了白的送黑的，買了黑的送白的，今天用白的，明天用黑的，另外，山寨iPhone還提供100元一個的彩色機殼，想換什麼顏色就換什麼顏色。

3、翻蓋旋轉iPhone

　　其實要嚴格算起來這個是不能算是仿iPhone的，因為這個iPhone不僅僅是翻蓋，還是個變形金剛，想翻蓋、想觸控、想旋

轉，一切隨你所想。外蓋是設計成iPhone NANO的樣子——儘管它連個外螢幕都沒有，這個奇怪的傢伙叫做iPhone N3。

它的B殼螢幕可以旋轉成A殼，折疊機瞬間變化成PDA，按鍵輸入和手寫輸入結合的良好，解決了PDA輸入在某些情況下不方便的問題。配備了新型的轉軸和轉軸線，改變了從前折疊機採用FPC排線品質差，容易壞的致命問題。

| iPhone N3相關參數 |

【上市時間】2009年
【網路類型】GSM
【外觀樣式】旋轉
【主螢幕尺寸】2.8英寸
【螢幕顏色】4,096色
【機身顏色】金色、銀色
【手機套餐】官方標配
【鈴　　聲】MP3鈴聲
【攝　像　頭】200萬畫素
【參考價格】RMB800元以下
【推薦係數】★★★☆☆
【哪裡有賣】深圳福田區華強北桑達電子通訊市場等

4、最薄的山寨iPhone

自以為最薄山寨iPhone的CiPhone N888，8.9mm的最薄記錄也就保持了不到半年，一款名為小S蘋果音樂手機的高仿iPhone就以8.8mm刷新了這一紀錄。只是這款小S不支援雙卡雙待，而且2.8吋的螢幕也略顯小氣。不過據說其螢幕材質是LED的，無論從哪個角

度看都很清楚，山寨手機之中用LED做螢幕的也許還是自小S開始。

｜小S蘋果音樂手機相關參數｜

【適用網路】GSM
【適用頻率】900/1800MHz
【通話時間】150-280分鐘
【待機時間】150-300小時
【上市時間】2009.01.1
【外　　形】直板
【尺　　寸】100×43×8.8mm
【重　　量】80G
【可選顏色】黑色、白色、紅色
【手機配置】耳機、資料線、充電寶、電池（兩塊）、火牛、手寫筆、底座、擦布、說明書三個後蓋、2G記憶體卡
【參考價格】RMB800元以下
【推薦係數】★★★☆☆
【哪裡有賣】深圳福田區華強北桑達電子通訊市場等

5、最小的山寨iPhone

僅僅96×50×12mm的三圍讓這款安琪N9+成為市場上銷售的最小山寨iPhone，而這款機器剛剛推出的時候打出的口號就是「全球最小的iPhone」。

【上市時間】2009年1月

【網路頻率】GSM 900/1800MHz

【外觀類型】直板

【可選顏色】黑色、白色、銀黑色、粉色

【外形尺寸】99×50×12mm

【機身重量】99g

【支援語言】簡體中文、英文、量大可刷多國語言

【螢幕參數】2.4英寸、26萬色、240×320px解析度、觸摸螢幕

【特別功能】雙卡雙待雙藍芽、重力感應器、甩螢幕換歌、電子書、手機QQ、UCWEB、魔幻菜單……

【參考價格】RMB600元以下

【推薦係數】★★★☆☆

【哪裡有賣】深圳福田區華強北桑達電子通訊市場等

6、智能山寨iPhone

採用Windows mobile系統的山寨蘋果的外形和介面還是有很不一樣的感覺，必須我們還是習慣了完全非微軟的蘋果式介面，但是微軟的作業系統還是有直接的好處，就是網上上可以知道大量的免費軟體，可擴展性很強，擴展成本很低，CiPhone 5是其中的代表機型。

CiPhone 5採用三星的CPU和德州儀器的晶片組，搭載Windows Mobile 6.1作業系統，內置全球GPS語音衛星導航系統、採用地圖非常詳細的凱立德2008導航軟體，並且支援地圖免費升級。另外，整個手機也「很微軟」，IE流覽器、在辦公方面內置Office辦公軟體（包括帶編輯功能的Word、Excel）等。

| Ciphone 5相關參數 |

【尺　　寸】115×62×11.5mm
【重　　量】110g
【可選顏色】黑色
【螢幕色數】65,000色
【解 析 度】240×320px
【螢幕尺寸】3.2吋
【包裝重量】0.65Kg
【上市時間】2009年4月8日
【手機類型】智能手機
【適用人群】商務手機
【標準配置】1000mAh鋰離子、另配2200mAh的充電寶9X-、耳機、數據線
【適用頻率】850/900/1800/1900mhz
【網路制式】GSM
【通話時間】210-310分鐘
【待機時間】100-480小時
【作業系統】Windows Mobile 6.1PPC系統、CPU：Samsung 2443C 450MHz、內建Srif star III導航晶片（第三代）
【記 憶 體】Flash 256M RAM 128M
【參考價格】RMB1400元以下
【推薦係數】★★★☆☆
【哪裡有賣】深圳福田區華強北桑達電子通訊市場等

二、山寨手機蘊含的創新力量

（一）結構創新類

在強調創新的這一類山寨手機之中，手機本身的功能被無限向外拓展，很多的創意，都已經顛覆了手機原本的存在形式，變成

了一種常人無法想像的存在形式。相比較那些對知名品牌的知名款式進行完美模仿的高仿機而言，這一類的山寨手機更加能夠體現山寨廠商無可比擬的集體智慧，而這種沒有邊界的想像力和創新力，正是山寨精神的一種真正體現。

1、電擊防衛手機：塔利班必備

2009年6月8日晚7點左右，廣州白雲機場發生了一件和山寨手機有關的離奇事件，機場西一通道的安檢人員在對一名欲乘機飛往北京的旅客進行行李X光檢查時，發現其包內的手機顯影結構非常複雜，天線處有明顯的疑似接觸點，手機機身內有疑似升壓電子裝置，於是覺得非常可疑，便對行李進行了詳細檢查。

疑點終於解開，安檢人員拆開包內的手機以後發現，該手機分為主機和電池兩部分，主機部分和具備通信功能的普通手機沒有任何區別，但是電池內確實暗藏玄機，在打開電池底部的一個白色「保險」按鈕以後，電池部分附帶的電擊、強閃光和打火機的功能均開始發揮作用。

機場的安檢人員因此嚇出一身冷汗，據他們介紹，以往安檢查獲的仿手機式電擊器都沒有通話功能，而這部手機電擊器則具備普通手機的通訊功能，相比之下其設計更巧妙，精密度更高，隱蔽性更強，危險性也更大，如果不是檢查仔細，該旅客就有可能同時攜帶高壓電擊棒、強閃光棒和打火機這三樣屬於航空禁帶的危險品上飛機，後果也許會不堪設想。

該旅客隨後被安檢人員移交機場公安人員進行查處，但是該旅客隨身攜帶的那部手機的照片卻不知道被誰傳到了互聯網上，這

部高技術含量的雙卡雙模電擊打火機手機「愛我者防身1號」由此而名聲大震。

① 它是如此的其貌不揚。

② 它要真正發揮功力是需要換上另外一塊帶有武器的電板的，所有危險裝置都在電池後蓋上。

③ 頂部的天線上端有高壓電擊器，兩點璀璨金光和閃電標誌處就是電擊棒所在。

④ 除了這電擊武器之外，還有一個前置的隱蔽攝像頭，居然還可以用來偷拍。

⑤ 打火機所在，你還沒見過用手機點煙吧？

| 愛我者防身1號相關參數 |

【上市時間】2009年3月
【網路頻率】GSM900/1800GPRS
【機身語言】簡體中文、英文

【外觀類型】直板

【外殼材料】烤漆

【外形尺寸】112×51×17.5mm

【手機重量】98g

【螢幕參數】2.4英寸、26萬色、QVGA320×240解析度

【可選顏色】黑色、紅色、灰色

【原機配件】鋰電、充電器、資料線、耳機、記憶體卡

【通話時間】150-250分鐘

【待機時間】160-300小時

【電 話 本】可存儲200條名片式電話本、來電大頭帖、來電影片、來電鈴聲

【簡訊多媒體】可存儲150條簡訊、MMS多媒體100條、電子郵件

【輸 入 法】筆劃、拼音、手寫

【通話記錄】支援

【鈴　　聲】64和絃鈴聲

【待機圖片】JPG、GIF

【其他功能】情景模式

【攝 像 頭】130萬畫素

【照相描述】照片最大支持1280×1024、有聲攝像3GP格式

【多 媒 體】支援MP3、3GP、MP4格式、支援有聲電影全屏播放

【記憶體容量】1M、支援TF擴展（送256MTF卡）

【資料傳輸】USB資料、藍芽傳輸

【遊戲方面】多款動感時尚遊戲

【上網功能】支援WAP上網功能

【附加功能】鬧鐘、日曆、碼錶、世界時間、計算機

【特別功能】MP3、MP4、攝像頭、在機器頂端、雙卡單待、藍芽功能、超
　　　　　　長待機、頂部的天線上端有高壓電擊器、危急時刻可用來對付
　　　　　　歹徒、底部設有保險開關、非常安全。

【推薦係數】★★★★☆

【參考價格】RMB900元以下（以下價格均為人民幣）

【哪裡有賣】電視購物，其他

這則新聞在網路上引起了廣泛的討論，大部分人用「驚喜、雷和囧」來形容這部手機，有網友稱該手機為「山寨威武，塔利班必備」，有網友試用這款手機以後稱其「輕可防小偷，重可當殺人武器」，攻擊性非常強，還有網友稱自己曾經將這款手機蒙混過關帶上了飛機，只是不敢用來劫機。最後，有人對這款手機做了這樣的總結：且不說山寨手機是否譁眾取寵品質低劣，但單就這份創意以及勇敢，山寨也值得一聲叫好。

2、風水手機：信仰和科技的無間結合

所謂的風水手機，就是除了手機本身的設計符合風水的吉凶之外，還在手機內內建了多款幫助人們預測風水的軟體。

其實，風水手機的創意最早並非出自山寨廠商之手，早在幾年前，諾基亞、摩托羅拉等廠商就在港澳地區推出了這一產品，但是，真正將之發揚光大的還是大陸的山寨廠商。

在2008年，新加坡的營運商借助馬來西亞風水大師朱蓮麗（Lillian too）的設計創意，設計了一款非常經典的風水手機，之後不久，大陸山寨廠商將之複製並改良並在市場上銷售。

這款山寨手機整體為紅色，螢幕背景也為暖色，象徵著「旺、火」。後蓋處裝飾有一條升騰的中國龍浮雕，寓意將給主人帶來幸運和保護，龍身採用高品質陶瓷打造，其中鑲嵌有288顆氧化鋯寶石。龍眼和龍口中又分別有兩顆大的紅色和白色的珍珠。

儘管現在科技很發達，但是傳統的中國人還是很相信風水，以及風水帶來的運氣和福氣。因為有這樣的信仰，需求也就產生，這款手機也因此而應孕而出，山寨廠商再一次將科技和民間的信仰結合在了一起。

|中國龍風水手機相關參數|

【上市時間】2009年1月

【網路頻率】GSM 900/1800GPRS

【機身語言】簡體中文／英文

【外觀類型】直板、超薄

【外殼材料】烤漆

【螢幕參數】26萬色、
　　　　　　QVGA176×220解析度

【顏　　色】紅色

【原機配件】鋰電、充電器、數據線、耳機

【通話時間】150-250分鐘

【待機時間】160-300小時

【電 話 本】可儲存200條名片式電話本、來電大頭帖、來電影片、來電鈴聲

【短 資 訊】可儲存150條簡訊、MMS簡訊100條、電子郵件

【輸 入 法】筆劃、拼音、手寫

【通話記錄】支援

【鈴　　聲】64和絃鈴聲

【待機圖片】JPG、GIF

【其他功能】情景模式

【攝 像 頭】200萬畫素

【照相描述】照片最大支持1280×1024、有聲攝像3GP格式

【多 媒 體】支援MP3、3GP、MP4格式、支援有聲電影全屏播放

【記憶體容量】6M、支援TF擴展

【資料傳輸】USB資料、藍芽傳輸

【上網功能】支援WAP上網功能

【附加功能】鬧鐘、日曆、碼錶、世界時間、計算器

【特別功能】預裝多款風水測算軟體、預裝12款精美的生肖桌面

【推薦係數】★★★☆☆

【參考價格】RMB800元以下

【哪裡有賣】深圳市華強北遠望數位城、東方時代廣場

3、佛家專用手機：禪機在身，佛祖在心

宗教信仰帶來的需求是最直接的，幾年前，諾基亞在伊斯蘭世界推出的N73手機中就預裝了特殊的軟體，可幫助穆斯林在齋戒月禮拜。

而山寨廠商對這樣巨大的需求絕對不會視而不見，早在2007年，第一款山寨佛教手機就上市了。

（1）佛機鼻祖：「佛緣」一號

這是一款在當時絕無僅有的「佛緣」一號手機，手機刻有至尊佛像、避邪寶玉，還內附祈福鈴聲和法師開光證書。

不銹鋼機身、24K鍍金（螢幕正上方的小金牌）、外殼的金色色系類似於袈裟的顏色，屬於佛家標準的顏色，驅邪寶玉；按鍵、花紋設計靈感來自於佛法，背後還能放驅邪金牌……手機的按鍵被稱作為「佛影按鍵」，說明書上稱是用「包金、鑲寶石、雕玉工藝製成」，在打電話、按簡訊同時，按鍵還可以讓使用者「佛主留心中、佛影留身邊」，而手機上的花紋和按鍵形狀，都是按照「佛主尊貴化身設計」，藉以彰顯佛的神威。手機機側的小裝飾，被稱作為「招財元寶」，號稱是真空鍍金工藝，而且功能訴求來自於佛家精神層面，並無實際用途。

這部佛心手機還支援拍照、聽歌、MP4播片，MP3播放器面板也有佛祖圖，手機自帶的存儲卡內建了真人發聲的12首佛經：大悲咒、地藏經、無量壽經……甚至連勸善佛經視頻短片也有。另外，手機也可以使用MicroSD記憶卡，在多的佛法都可以裝下。而這些

「高級燈心絨材質」製成的手機套。滾上金邊，還有個「佛緣」標誌的手機保護套，繩結也很講究地放上翠玉裝飾，即便是山寨，一點都不粗製濫造。

電池背蓋也有玄機。這是一片可以自由更換的面板，也就是給你放護身符的地方，各路信徒可以依照喜好換上各種神明的圖像，驅邪避凶。

開機時有鐘聲「咚咚咚」傳出，佛祖背後的光環也如太陽光般一波一波射出，還特地加入「念佛計數器」。

設計對於虔誠的佛教徒來說非常有實際意義，借助手機，他們可以隨時隨地修行佛法。

這部「佛緣一號」手機的創意很玄妙，有藍芽、手寫、大螢幕，又內建佛經、念經計數器，應該很合宗教人士的需求。只是配件有點太誇張，什麼招財進寶、法師背書、捐助孤兒之類故弄玄虛的事情都放了進來，而這些山寨手機的「無厘頭」做法，又讓正統的佛教徒倒胃口。但是，這款手機，卻開啟了一個全新的需求空間。

（2）最禪的手機

轉眼兩年過去，「佛緣一號」手機早已經下市不見蹤影，但是它將佛教與科技結合的冀望卻被無數山寨廠商發揚光大。

一款名為天禧嘉福－禪機，將佛教手機的概念發揮到了淋漓盡致。和「佛緣一號」不一樣，「禪機」對待如何用科技詮釋佛教文化是極其認真的，這種苛求

的態度和非常專業的水準，體現出手機運作者是一個精通佛法，並在佛教界有著廣泛的人脈和影響力的人物，而這點是「佛緣一號」這樣的無厘頭佛教手機完全無法比擬的。

外形如同水滴的天禧嘉福－禪機，據說設計靈感來自於祈福祥靈的佛墜，其外殼裝飾滿了顯露溫潤光澤的玉石和翡翠，以及華麗的24K鍍金，拿到手裏的那種華貴和大氣的感受確實不同於一般的山寨手機，可以看得出來，這款手機的選材，開料，切割，打磨，拋光製作過程確實是非常的用心。

天禧嘉福－禪機設計了一個「賦予產品生命的氣息」呼吸燈，手機啟動時發出火紅與幽藍兩色交替的「吉祥佛光」，表達了一種祈福祥靈的美好心願，另外，手機的翻蓋設計還被寓意為「開啟眾生心靈之門」，

「禪機」自己撰寫的手機說明書稱，「天禧嘉福」這四個字，是由中國佛教協會會長，中國近代四大老法師之一的「一誠」大師題寫。中國社科院佛教研究中心特約研究員、原中國佛教協會教務部副主任、長沙洗心禪寺首座「妙華」大法師也出謀劃策，為此款手機取名「禪機」，並由「一誠」大師親筆題名；四大老法師之一百歲高齡的「本煥」大師（曾任碧山寺第三代方丈、南華寺方丈、廣州光孝寺住持和深圳弘法寺方丈）為這款產品提出許多重大寶貴建議；深圳市佛教協會副祕書長釋心德法師特精心指導了「禪機‧佛堂」八尊佛像的設計，整個設計創作過程，蘇州靈岩山寺、湖南雲門寺、韶關南華寺、深圳弘法寺、上海龍華寺等寺院的多位高僧還為禪機指點迷津。與「禪機」匹配的藍芽耳機由長沙洗心禪住持「悟聖」大師取名為「順風耳」，而天禧嘉福－禪機的佛教文化也是由長沙洗心禪寺監製。

2008年11月29日，天禧嘉福－禪機在位於湖南省長沙市西北8公里處之高頂山麓的「洗心禪寺」舉行了莊重的開光儀式。儀式由「妙華」大法師主持，並賦予了天禧嘉福－禪機「佛家吉祥物」的美譽。

　　但是這款珠光寶氣的佛教手機價格也是非常驚人的，6,600元到9,600元人民幣，連藍芽耳機也要690元。

┃天禧嘉福珍藏版相關參數┃

【頻段制式】900/DCS1800

【主　螢　幕】2.0吋TFT QVGA 240×320

【電池容量】800mAH

【充　電　器】旅行充電器，座充各一

【攝　像　頭】CMOS、200萬畫素、
　　　　　　　4倍數字變焦

【尺　　　寸】26.2×63.1×82.2mm

【重　　　量】0.19Kg

【揚　聲　器】2個

【儲　　　存】NOR-Flash（bit）128MbitSRAM
　　　　　　　（bit）32Mbit、T-Flash卡

【語　　　言】簡體中文、繁體中文、英文

【多媒體功能】MP3、MP4、AVI錄製、錄音、按鍵LED、炫彩鍵盤

【數　　　據】GPRS、WAP、藍芽

【特色功能】移動佛堂、佛像選擇、念佛機、念經計數器、早晚課、內建
　　　　　　　WAP網址（佛教網址）、佛音錄音器、佛教知識、經書閱覽
　　　　　　　器、開光記錄、呼吸燈

【推薦係數】★★★★☆

【參考價格】典藏版標價9,600元、珍藏版標價6,600元、順風耳藍芽耳機標
　　　　　　　價典藏版790元、珍藏版690元

【哪裡有賣】深圳市華強北遠望數位城、東方時代廣場

（3）其他佛教手機

| SKY-ELEC佛教手機相關參數 |

【高音質念佛機】50多首佛曲循環唱頌，每首專配精美佛菩薩畫面。

【佛教影院】支援視頻格式MP4、3gp、3gp2，預裝了《了凡四訓》、《弟子規》、《淨宗早課》等數百部佛教電影，含概深入淺出的諸多法師大德講法紀錄片、佛教動畫片、佛法記錄片、佛樂MTV。

【佛　　曆】同時可以顯示西曆、農曆以及佛曆。為您準備好了每年中的諸佛菩薩誕辰、成道日等等。

【藏 經 閣】支援TXT文擋電子書格式，預裝眾多佛法修行儀軌，帶拼音標注的佛號咒語念法、大德精彩開示、以及佛法基礎知識。

【參 考 價 格】1200元以下

| 精品V803 |

參考價格：360元人民幣

4、三防（防水、防震、防塵）手機，解放軍專用？

宣稱具備防水、防震和防塵這三防功能的手機已有很多，但是又有誰敢把手機砸在牆上彈出老遠，然後泡在溪水裏，最後還用卡車碾壓？山寨手機敢！

山寨手機就是敢這樣信誓旦旦地保證，在經歷這樣的蹂躪和糟蹋之後，手機還是能夠正常使用。一款2008年上市的樂目LM801手機就宣稱，自己就是這樣一款不折不扣的三防貨，而且專門為解放軍和武警士兵訂製，水下、沙漠、叢林，無論什麼樣的殘酷環境，樂目手機還能「盡顯本身」。

樂目LM801的製造者把手機摔、砸、壓之後還能正常使用的視頻短片廣為傳播；樂目將LM801設計成了三個版本：解放軍版，武警版，公安版，此外，樂目還把強悍的手機廣告放到了《解放軍報》、《人民武警報》、《人民公安報》上。

不過無論樂目LM801是否真的為軍方訂製，其野外作業的功能還是非常實用的，在樂目手機背部的一個圓形顯示幕內，使用者可以準確的讀出周圍環境的溫度、濕度、氣壓和海拔，同時，這款手機還配置了一個在缺電情況下應急使用的手搖充電器，只要搖5分鐘，充電器所產生的電量就能保證手機開機，並實現二分鐘的通話。另外，該手機還內置了電子指南針，紅外線手電筒和雷射光束定位功能，這些功能和手機的三防能力組合在一起，已經能夠很好的滿足野外露營的徒步愛好者、地質勘探、道路橋樑施工作業者的需求，這是一款能夠滿足特定細分市場需求的長尾產品。

| 樂目LM801相關參數 |

【網路頻率】GSM雙頻900/1800MHZ
【資料傳輸】USB、USB充電功能、U盤功能
【記憶插卡】支持內置T-FALSH
【上市時間】2008年
【手機螢幕】2.0英寸TFT彩色顯示螢幕
【開機介面】軍徽動感、中英文功能表、陸海空
　　　　　　風采介面圖片庫
【特殊功能】雙主板功能顯示幕、可分別顯示達
　　　　　　到軍用級的指南針、溫度、氣壓、
　　　　　　高度、部隊常用語預置短信

【防　　震】可承受跌落到堅硬表面的衝擊（在
　　　　　　外置天線不拔出的條件之下）
【防　　水】可承受水淋（須按要求使用）
【防　　塵】可以承受劇烈晃動，密封結構阻礙
　　　　　　灰塵進入
【克服黑暗或迷路】在關機狀態下可使用手電筒照明和
　　　　　　雷射光束求救定位功能
【超長待機】高科技電芯永不爆炸、450小時超長
　　　　　　待機（視網路情況而定）
【多媒體功能】和絃鈴音：震動、內置軍隊十五種
　　　　　　軍號聲、軍隊主題歌曲音樂鈴音
　　　　　　庫，MP3播放、FM收音機
【資訊安全功能】個人祕密資訊鎖、可以保護通話記錄、通訊錄、短信的資訊安全
【推薦係數】★★★★☆
【參考價格】1000元以下
【哪裡有賣】深圳市華強北遠望數位城、東方時代廣場

| 匯訊（Widetel）WT-T600 |

該手機除了具備防塵、防震、防水的功能之外，最大的特點是內置對講機功
能，在野外沒有手機信號的地方，也可以實現互相通話。
上市時間2009年4月24日，參考價格350元以下

5、攝影攝像手機：亦正亦邪

（1）無線監控手機

看到鴻博v8，你才知道什麼叫做邪惡。

這款外表平庸的山寨手機，奪得了山寨手機產生以來唯一一個「史上最邪惡」稱號，也是唯一一款被「互動百科」摘錄為詞條的山寨機機名。

乍一看顯得相貌平平，鴻博v8具備普通山寨手機的大部分特質：大螢幕、大喇叭、自稱超高電池容量。但是平庸的外表背後，確是一款具有殺手級應用的手機。

鴻博v8其實是一款可以實現遠端遙控拍攝的多鏡頭監控手機。機身一前一後兩個攝像頭沒有什麼奇特之處，但是打開該手機的電板後蓋，可以發現該手機有兩塊電板，而其中一塊電板其實暗藏玄機，它上面竟然裝有一個隱蔽性極強的針孔攝像頭，藏在電池的序列號和條碼當中。

這顆藏匿的攝像頭可以借助無線傳輸進行遠端監控和拍攝，有效距離可達百米，信號可穿透三道牆傳至手機，圖像效果也非常清晰，還能同步錄製聲音。而把這塊不起眼的電板放在一個角落，針孔攝像頭對著拍攝物，然後離開房間，卻依然可以通過手機螢幕查看屋內情況，當然也可以偷拍，誰會注意一塊放在桌子上的電板呢？但是，邪惡之處還沒有停止，將電池放在充電器上，偽裝成充電狀態，則可以一邊充電一邊偷拍。在購買鴻博v8時，商家往往會推薦你多買幾塊帶有攝像頭的電池，因為只要拉出天線，鴻博v8可

以通同時遠距離接收4個不同頻率的攝像頭畫面和聲音，多幾個電池攝像頭，就可以多幾個角度同時拍攝。

如果把電池放在辦公室或者宿舍，絕對不會有人懷疑和有防範之心，個人隱私暴露無遺。一位網友指出，就算被人發現電池上的攝像小孔，也可以謊稱是充電時亮的紅燈。偷拍的技術難度完全沒有了，邪念滋生的結果是出現更多的「豔照」和「偷拍事件」。

2007年出產的奇泰C600，因為前後左右都配備了4顆攝像頭，可以進行360度全角度取景偷拍而被稱之為邪惡手機，但是相比鴻博v8，奇泰C600那點邪惡還真算是小巫見大巫了。

另外，鴻博v8手機其實還隱藏了一個和偷拍無關的邪惡功能：偽裝通話背景現場。該手機有一個功能，手機內預裝了騎摩托車、人行道、地鐵車廂內，地鐵月台、餐廳、舞廳、鐘聲等等背景聲音，只要選擇，就可以在通話過程中通過手機背後的大喇叭播放出來變成環境聲音，讓通話的另外一方產生錯覺。這個功能主要是用來應付查勤的狀況。

不過，銷售這款手機的廠商則一直在極力為自己免責，它們發佈聲明稱，鴻博v8的研製是為廣大家居群眾帶來防盜監控、影音娛樂效果等功能，如被非法利用侵犯隱私權，一概與製造公司無關。不過這款手機在監控方面確實擁有極高的「智慧」：如新手學車、倒車後視鏡，隔牆嬰兒無線監控，隔牆孩子學習情況，隔牆家庭門鏡，服務台監控，小型超市監控，電視、DVD隔牆無線觀看等等，此款手機自稱為「全球首款智慧監控手機」，也可以看作是給自己一個冠冕堂皇的銷售作惡工具理由吧。

最後，作者借助有關法律專家的話提醒想購買此手機的讀者們，鴻博v8若使用不當，將很容易捲入名譽權、隱私權的糾紛之中。

｜鴻博v8手機相關參數｜

【手機配置】二電1500mAh、一電池帶無線攝像頭800mAh、一充、一資料
　　　　　　線、一耳機、一說明書、兩視頻線、一音頻線

【上市時間】2008年5月

【支援語言】簡體中文、英文

【螢幕參數】3吋26萬色、分辯率：240×320px

【來電鈴聲】72和絃、支援格式：MP3/MP4

【音樂播放】支援MP3後台播放、支援多種音樂播放模式

【影片播放】3GP、MP4、AVI

【收　音　機】FM調頻身歷聲、外放不需要耳機

【攝像功能】130w、1280×1024解析度、支援高清攝像和有聲攝像、時間根
　　　　　　據記憶體大小而定

【記憶體大小】87M/1GB最大支持8G TF卡擴展、支持擴展

【資料傳輸】資料線直連、讀卡器、藍芽檔傳送、藍芽耳機（語音）、藍芽
　　　　　　音樂（身歷聲）

【圖像格式】jpg、gif

【參考價格】800至1200元人民幣不等

【不考慮法律風險的推薦係數】★★★★★

【考慮法律風險後的推薦係數】☆☆☆☆☆

【哪裡有賣】深圳市華強北遠望數位城、東方時代廣場

（2）長焦遠攝手機

　　和前一代的大炮鏡頭遠攝手機LV998相比，金蘋果LV2008不再只是在後蓋上裝一個轉接環，而是直接在手機機身上開鑿出一個凹洞，只要將大炮鏡頭對準凹洞，再順時鐘旋轉鎖緊即可立即使用了。

　　6倍光學定焦，LV2008還是秉承以前「拍鳥利器」的角色，不過裝了凹槽以後，大炮鏡頭看上去和手機更加融為一體，看上去也更像裝上長鏡頭的專業相機了。大炮鏡頭前端設有手動對焦環，所以當你鎖定馬路對面的拍攝對象時，前後轉動對焦環，就可以獲得清晰的畫面。

　　另外，LV2008的電池背蓋上還暗藏了一個長形按鍵，按下按鍵，手機的左邊就會發出紫光，但它不是手電筒、也不是照相補光燈，而是驗鈔燈。

6、電視手機：山寨一統天下

　　在奧運會的推動下，2008年至2009年的2年之中無疑是電視手機最為暢銷的階段，可是中國國內的手機電視技術標準頻繁發生變故，入網許可證辦理困難，這一原因直接導致了諾基亞等正規品牌的電視手機量產的困難重重，而無入網許可證顧忌的山寨電視手機借此橫空出世，在正規品牌還沒有規模化量產就鋪天蓋地地進入市場，一下子吞噬了中國電視手機的80%以上的市場佔有率。

　　早在2008年年初，就出現了第一款山寨電視手機QKfone D820，其後出現的首愛S20084之類的也基本屬於功能雷同型號，

除了看電視的手機螢幕被設計成盡可能的大之外，電視手機的再創新似乎很有限。

| 金蘋果LV2008基本參數 |

【適用網路】GSM

【適用頻率】900/1800MHz

【上市時間】2007年底

【尺　　寸】127×63×16mm

【手機配置】兩電（1800毫安培培培）、兩充、耳機、數據線、256M卡、遠攝鏡頭、皮套

【其他功能】MP3功能、MP4功能、免提通話、短信群發、錄音功能、WAP功能、手寫輸入、手寫＋鍵盤輸入、藍芽功能、GPRS下載、MMS彩信、記憶體擴展、電子書、英漢詞典、雙卡單待、遠攝、紫外線驗鈔、通話雙向錄音、IP撥號、計算器、健康管理

【支援語言】簡體中文、英文、量大可刷其他語言……

【螢幕參數】3.5寸TFT 26萬色、分辯率：240×320px

【音樂播放】MP3及後台播放、支援等化器、配合7個揚聲器、中音效果非常棒

【影片播放】3GP、MP4、支援全螢幕播放、並支援暫停／快進……

【攝像功能】130萬畫素、最高支援1280×1024、支援有聲錄影、時間長短視記憶體而定、隨機贈送高倍鏡頭、可拍攝遠處景物。

【記憶體大小】隨機贈送256M TF卡、可擴充、最高支援2G記憶體擴充

【資料傳輸】USB、U盤功能、藍芽身歷聲音樂播放、藍芽檔傳送

【圖像格式】jpg、gif

【參考價格】1000元人民幣以下

【推薦係數】★★★☆☆

【哪裡有賣】深圳市華強北遠望數位城、東方時代廣場

　　到了2009年6月，中國市場上銷售的山寨電視手機非常多，價格大多在600元人民幣左右，最便宜的甚至還不到300元，這些手機大多以採用CMMB技術為主，因為目前這一技術最為成熟，只需要拉出天線，購買者不需要開通任何網路服務，就可以收看各種免費電視節目，而且數位電視信號還很豐富。由於參與的山寨手機廠商越來越多，因此CMMB模組的價格也不斷下滑，目前已經降低到160元以下，未來還會進一步下調。

　　不過購買山寨電視手機時，千萬不要買到採用類比信號模組的電視手機，2007年以來，中國國家廣電總局正大力推進有線電視數位化，預計到2010年將全面停止發送地面類比信號，屆時購買了類比信號電視手機的消費者，將有可能再也收不到任何節目了。那麼如何避免購買類比信號電視收呢，一個簡單的方法可以幫助你，在播放電視的時候看看是否有雪花點或噪音，只要有，肯定就是接收類比信號的，而CMMB電視手機只會產生停格和馬賽克。

｜山寨手機電視基本參數｜

【上市時間】2009年
【網路類型】GSM
【外觀樣式】固定或者可旋轉螢幕
【螢幕顏色】26萬
【鈴　　聲】MP3鈴聲
【攝　像　頭】200萬畫素以上
【儲存功能】TF（MicroSD）卡
【高級功能】真正的高清晰CMMB數位電視播放，超長待機，MP3播放
【參考價格】700元人民幣以下
【推薦係數】★★★☆☆
【哪裡有賣】到處都有賣

7、剃鬚刀手機：周星馳創意，貝克漢代言

　　剃鬚刀手機，看到這部神奇的山寨手機，我們不免會得想起周星馳系系列電影《零零漆大戰金槍客》中那個007手上的多功能大哥大。「手上拿的這個東西了吧？表面上看它是一個大哥大電話，但是你看這裏有一層金屬網膜。實際上，它是一個刮鬍刀，這樣在執行任務的時侯也可以神不知鬼不覺地刮鬍子。」周星馳的調侃式對白，想想就讓人忍俊不禁，但是如今這樣的手機卻真真實實出現在滾滾的山寨洪流之中，以後的特工們執行任務時，也許確實可以神不知鬼不覺地刮鬍子了。其實電影和山寨機還確實挺有淵源，很多時候山寨機的創意確實會來源於電影。

　　2009年3月，最早的剃鬚刀手機「尊榮758」開始上市，這款自稱為「全球首款剃鬚刀手機」之所以這樣命名，據說是採用了「尊榮親我吧」的諧音。這款剃鬚刀手機在用料上並不差，其刮鬍刀部分可是採用了飛利浦機芯，並可以更換飛利浦原裝刀片，不過比較「驚人」的是，「尊榮758」除了在外包裝上宣稱自己是全球首款和採用飛利浦節點機芯外，還搬出了貝克漢作為形象代言人，也不知道是否經過小貝的許可，就在他手裏塞了一款不知道是剃鬚刀還是手機的物件，並把這張估計是合成的照片放在了外包裝最顯眼的位置。在開機動畫、待機螢幕保護和手機桌面上，都出現了小貝拿著剃鬚刀手機刮鬍子的照片，可憐的小貝，在毫不知情的情況下不遠千里來到中國為山寨手機充當了一回形象大使。

　　這款手機另外一個很有創意的設計是，為了保障一邊刮鬍一邊通話的順利進行，這款手機還贈送了耳機一副，兩塊標示容量為2800mAh的手機電池，還有剃鬍毛刷一把。

| 尊榮758剃鬚刀手機相關參數 |

【支援語言】簡體中文、英文、記憶體容量大可支援多國語言

【螢幕參數】2.6吋1600萬色、分辯率：240×320px

【來電鈴聲】72和絃；支援格式：MP3、midi、wav、amr

【音樂播放】MP3及後台播放、支援快進、暫停、等化器、歌詞同步顯示

【影片播放】3GP、MP4、支援影片全屏播放、支持快進／暫停

【攝像功能】高清攝像、支援有聲MP4短片拍攝、錄影時間根據記憶體大小而定。

【記憶體大小】505K、256MB最高支持4G TF卡擴展、支持擴展

【資料傳輸】USB資料線、U盤功能、藍芽檔傳送、藍芽耳機（語音）、藍芽音樂

【圖像格式】jpg、gif

【多媒體簡訊】170條簡訊、支援多媒體

【開　關　機】自動開關機、MP4作為開關機畫面

【鬧　　　鐘】5組鬧鐘、支援關機鬧鐘、並能設置星期一到星期天鬧鐘

【內建遊戲】對戰麻將

【其他功能】MP3功能、MP4功能、免提通話、短信群發、錄音功能、WAP功能、手寫輸入、藍芽功能、GPRS下載、MMS彩信、記憶體擴展、電子書、來電防火牆、雙卡雙待雙藍芽、超長待機、鬧鐘、計算器、備忘錄、純平鏡面觸控

【適用網路】GSM

【適用頻率】900/1800MHz

【通話時間】200-290分鐘

【待機時間】220-320小時

【上市時間】2008年8月25日

【外　　形】直板

【尺　　寸】100×55×12mm

【重　　量】120G

【可選顏色】黑色、銀色、金色

【參考價格】500元人民幣以下

【推薦係數】★★★☆☆

剃須蓋打開之後便能一睹擁有飛利浦工藝的「剃鬚刀」。

不過這款剃鬚刀手機的售價便宜得有點離譜，市場報價一般都在400元人民幣左右，和原裝飛利浦剃鬚刀的價格差不多，手機功能難道是白送的？

從市場定位來看，這款手機也屬於一個長尾產品，適用於那些經常遠行，希望身上攜帶的東西越少越好的男性。

8、煙盒手機，煙民必備

煙盒手機和剃鬚刀手機一樣，也是一部高度偽裝和隱藏的產品，只是兩者的目的相反，剃鬚刀手機是希望把剃鬚刀隱藏在手機裏，而煙盒手機則是把手機偽裝成了一個煙盒。從隱蔽性來看，煙盒手機應該更加適合於特工使用。

一側是完整的香煙外包裝，而手機的聽筒、螢幕和按鍵位於煙盒的另外一側，在兩側，分別印有「吸煙有害健康」和「FILTER KINGS」字樣，而攝像頭就安裝在側面，另一側是SD卡安裝位置。打開香煙手機的煙盒上蓋，我們可以看到像普通香煙一樣擺設的20根「香煙」，你也許會懷疑，如果手機裏裝滿了香煙，那麼機內晶片和主板放在哪裡呢？其實，三排香煙之中有兩排只是假煙蒂而已，其中裝載了手機的所有部件，能夠實現完整的手機功能。而另一排才是真正的香煙，一次可以裝7根煙。而真正香煙的那一半也可以卸下來，手機電池就藏在真香煙和假香煙的中間。

這樣的設計，可以讓使用者在煙癮犯時就從手機裏抽一根香煙，又可以拿起煙盒和別人通話，因此，其用戶目標鎖定非常明確——中國的幾億煙民，正如某香煙手機的廣告上說的那樣，廣大煙民居家旅遊、休閒娛樂之必備良品，有了香煙手機，褲兜裏不用

│香煙王3838手機基本參數│

【上市時間】2008年

【網路頻率】GSM900/1800 GPRS

【外觀類型】直板

【外形尺寸】9250.5×13mm

【手機重量】98g

【螢幕參數】1.5英寸、26萬色TFT、
　　　　　　螢幕178×220解析度

【可選顏色】紅色

【電 話 簿】可儲存500條名片式電話

【簡訊多媒體】支援簡訊儲存200條、多
　　　　　　媒體簡訊1735K

【輸 入 法】支援T9輸入、拼音、筆
　　　　　　劃、支援聯想輸入

【鈴　　聲】64和絃、支持MP3鈴聲、雙喇叭

【攝 像 頭】100萬畫素

【多 媒 體】支援MP3、支援背景播放、支援多種數位格式、支援MP4/3GP
　　　　　　格式有聲電影播放，錄音功能

【記憶體容量】2M

【資料傳輸】USB資料線傳輸

【遊戲方面】2個

【上網功能】支持WAP上網

【其他功能】鬧鐘、計算器、健康管理、碼表、匯率換算、單位換算、自動
　　　　　　開關機、閱讀器、日曆表、備忘錄、日程、世界時鐘、區號查
　　　　　　詢、歸屬地查詢

【特別功能】高分貝雙喇叭、超強QQ網路遊戲、短信群發功能、線上掌上
　　　　　　影院、來電錄音、PC攝像頭、號碼歸屬地區查詢、流行影音下
　　　　　　載、線上樂園、激情部落、移動夢網

【參考價格】手機價格：700元以下，各品牌香煙手機外殼：100元／個

【推薦係數】★★★☆☆

【哪裡有賣】深圳華強北各大電子市場都有銷售

揣香煙和手機兩個物件了。不過香煙手機的缺點也很明顯，7根煙對於中度煙癮的煙民而言也就半天的量，抽完了還得去買一包新的，所以香煙手機應該只是適用於煙民中短途出行使用，外出時間長了，一樣很不方便。

自從2007年市場上出現了第一款煙盒手機以後，這一個市場一直生生不息，目前，市場上已經不僅只是剛出來的中華牌香煙了，煙盒手機的塑膠外殼已經可以不斷自行更換，從萬寶路、555這樣的進口煙，到玉溪、雲煙這樣的中國本土煙，各類品牌一應俱全，而且仿真度極高，香煙手機家族壯大了。

不過，目前香煙手機的最大銷售區域居然是在中東、南非和拉美，這些地區的消費者對香煙手機情有獨鐘，不少來自東亞或者南非的商人特別的鍾情於白色包裝的「萬寶路」。而針對不同區域市場的本土需求，山寨手機廠商還提供定制服務，也就是說，可以針對當地的流行香煙品牌訂製香煙手機的仿真外殼。

另外，針對逢年過節送香煙的世俗禮儀，香煙手機還出現了禮盒包，除了「香煙手機」，還贈送真實的香煙一盒，以及一個金色的打火機，但是仿冒香煙（含包裝）在中國是觸犯煙草專賣法律的，山寨手機廠商為了避免麻煩，在禮盒內還特意放了一張說明書，詳細指出正品香煙和香煙手機的區別之處。

9、雙面手機，區隔不同的自我

雙螢幕手機早已經不是什麼新鮮事，現在很多山寨手機都具備雙螢幕、雙卡、雙待、雙藍芽功能，但是你聽說過能實現「雙螢幕、雙核、雙卡、雙待、雙藍芽、雙鍵盤、雙話筒、雙攝像頭」的雙面手機景誠JC666麼？肯定沒有。

| 景誠JC666基本參數 |

【適用網路】GSM
【適用頻率】900/1800MHz
【通話時間】200-320分鐘
【待機時間】150-350小時
【上市時間】2008年4月10日
【外　　形】直板
【尺　　寸】113×58×17mm
【重　　量】125g
【可選顏色】灰黑色
【支援語言】英文、法文、西班牙文、葡萄牙文、義大利文、德文、俄羅斯文、泰文、阿拉伯文
【螢幕參數】1.6/3.0寸1600萬色；分辯率：240×320px
【來電鈴聲】64和絃；支援格式：MP3、midi、wav、amr；來電功能：來電大頭貼
【音樂播放】支援MP3及後台播放、支援等化器、歌詞同步顯示、內建震動器、超重低音輸出
【影片播放】3GP、MP4、支援影片全螢幕播放、支持快進／暫停
【收 音 機】FM調頻身歷聲、無須耳機即可外放
【攝像功能】高清攝像、雙攝像頭、支持有聲MP4短片拍攝、錄影時間根據記憶體大小而定
【記憶體大小】760K/512MBM TF卡、可擴充、最高支援2G
【資料傳輸】USB資料線、U盤功能、藍芽播放
【圖像格式】jpg、gif
【機身通訊錄】500組卡片式電話、支援分組鈴聲、來電大頭貼
【簡　　訊】200條簡訊、支援多媒體
【開 關 機】支援自動開關機
【鬧　　鐘】3組鬧鐘支援關機鬧鐘、可設置週一到周日的鈴聲
【其他功能】MP3功能、MP4功能、免提通話、短信群發、錄音功能、WAP功能、手寫＋鍵盤輸入、收音機功能、藍芽功能、GPRS下載、MMS彩信、記憶體擴展、電子書、來電防火牆、計算器、匯率計算、世界時間、備忘錄、類比電視，手機手電筒，日曆、單位換算、IP撥號
【參考價格】900元以下
【推薦係數】★★★☆☆
【哪裡有賣】深圳市華強北遠望數位城、東方時代廣場

這樣的雙面手機能夠實現什麼功能呢？如果你有完全兩種不同的身份，或者你有很徹底的雙重個性，或者你有兩幫不相干的朋友，或者你有兩個……概括起來，你有屬於你的兩個完全不同的世界，一般你會如何把它們有效的區隔開呢？一般的處理辦法是配兩部不同的手機，但是這樣攜帶和使用起來很麻煩。雙面手機的出現，就是讓你省去了同時用兩部手機的煩惱。

　　當然，使用這樣雙面手機還能做很多有趣的事情，比如說你可以一邊發簡訊，一邊看手機電視；用一個手機同步拍攝前後兩個方向的圖像；當然，最無聊最無厘頭的玩法，是自己給自己發簡訊，自己和自己聊天，但是也絕對不會被人發現和嘲笑。

　　雙面手機的設計其實不難，只要將兩部手機的全部功能集成到一個主板上，然後裝在一個機殼裏面，前提是要保證兩個手機功能不能互相干擾，手機不能太重，不能太厚和功耗不能太大，待機時間不能太短，而且兩部手機要賣一部手機的價格。對大品牌而言顯得困難的是，誰又會那麼為難自己呢？

10、轟天雷手機，從民工到老人

　　在2008年年初，一款裝置8個大喇叭的山寨手機自稱為轟天雷，於是「你好，我叫轟天雷」這一句話在網路上迅速走紅，轟天雷也幾乎成了山寨手機的代名詞，而市場上銷售的普通山寨機，都會裝上很多個喇叭，並稱之為轟天雷功能。

　　這一功能因為滿足了很多個性張揚的人在大馬路上炫耀自己的個性鈴聲而紅極一時，進而在田間耕作的農民伯伯們和建築工地上施工的民工兄弟們也發現這一功能確實很好用，在嘈雜的環境下，不需要擔心接不到電話了。

現在，8個喇叭已不算入流了，20個到30個喇叭密佈在手機後蓋上也屬於正常，不過現在轟天雷山寨手機已經開始針對年老耳衰的老年人市場，有一款裝有25個YAMAHA喇叭的山寨手機，在產品說明書上這樣說到：鈴聲大，25個喇叭，老人去公園運動從此不用帶錄影機，鍵盤大、字體大，老人從此不用帶老花眼鏡……

▌金鵬S108轟天雷手機基本參數 ▌

【適用網路】GSM
【適用頻率】900/1800MHz
【機身顏色】淺灰色，黑色
【上市時間】2008年
【網路類型】GSM
【外觀樣式】直板
【主螢幕尺寸】2.4英寸
【螢幕顏色】26萬
【攝 像 頭】200萬畫素
【儲存功能】TF（MicroSD）卡
【作業系統】無作業系統
【高級功能】藍芽，手寫輸入，MP3播放等
【參考價格】1000元以下
【推薦係數】★★☆☆☆
【哪裡有賣】深圳市華強北遠望數位城、東方時代廣場

（二）外觀創新類

外觀相對於功能，在以實用主義為主的山寨手機市場可能會退居次位，但是這股創新的力量還是不能夠被忽視，在晶片集成度越來越高，技術門檻不斷降低，功能實現越來越容易，山寨手機的

性能都是大同小異的當下，外觀層面的創新顯得更加有操作性，而且操作得好，製作出工藝精良的法拉利手機或者勞斯萊斯手機，則還有可能創造暴利。

只是外觀層面的創新相比功能創新更加缺乏技術含量，競爭門檻就更低，在山寨手機這個原本就沒有知識產權保護的雜蕪市場，仿效遠比創新來的容易，因此外觀創新的成功，遠比功能創新要來的困難。

1、奧運手機：無授權卻賺錢

2008年北京奧運會期間是山寨手機最熱鬧的時刻，儘管沒有一個山寨手機廠商贊助奧運會一分錢，但是誰都想借著體育盛會發一些財。

作為北京奧運會TOP贊助商，三星手機是唯一一家擁有利用奧運進行宣傳權利的手機企業。但是，可憐的三星才剛推出的幾款奧運手機，就被聲勢浩大的打著奧運擦邊球的山寨機廠商們搶足了風頭。

在奧運會期間出現的諸如高翔公司的GX 2118水立方手機、邦華公司的巢流2008等模擬鳥巢、水立方等山寨機，在奧運以後就狠狠地熱銷了一把。

其實這也不能怪山寨手機廠商們喧賓奪主，事實上三星推出的幾款奧運手機大多都停留在概念上，基本沒有涉及到功能乃至外觀的奧運化，這種對奧運精神的含蓄表達，很多時候顯得過於高雅但是並不奏效。而「膽大妄為」的山寨手機廠商卻走了一條截然相反的道路，盡可能得獎奧運會的元素融入到手機的外觀、功能和行銷上，奧運會能夠帶來的任何有形的，無形的，主流的，非主流的元素，都要竭盡所能的加以利用。

2008北京奧運會建築、豔麗的開場舞蹈、絢爛的煙花和燈光，輝煌的火炬等，中國廣大二三線的消費群體對於奧運會這些聲、色、光所帶來的感覺刺激顯得尤為的敏感和記憶深刻，奧運會的開幕，對他們的消費意識產生了深刻的影響，山寨廠商直截而了當切入主題，將帶有最明顯的奧運形狀、奧運色彩的手機銷售給他們，這種很土很直接的辦法確實最產生效果的。

據瞭解，以「鳥巢」為行銷題材的山寨手機主要有兩種，一種直接採用類似鳥巢的外觀設計；另一種則是標榜自己採用所謂鳥巢鋼材來製造手機。而「水立方」手機，則基本都是在外觀設計上採用水立方的外形。這些廠商沒有一款敢在自己的手機外殼上打上五環標誌和奧運會授權字樣，但是卻無一不凸出採用了鳥巢、水立方的線條、圖案和顏色。另外一個殺手鐧是價格，三星為贊助奧運要支付數億人民幣的費用，還要為奧運手機打做廣告，這些成本最終轉移到消費者層面，因此三星的奧運手機價格均在2,000元至3,000元人民幣之間，但是山寨手機沒有這些成本，因此無論山寨們的奧運手機設計得多麼的天花亂墜，卻都不會超過1,000元。

但是山寨手機廠商的奧運行銷能夠持久麼？這些奧運手機有持久生命力麼？

「高翔奧運手機，有奧組委的授權，是唯一使用鳥巢剩餘鋼材製成的！」電視購物聯盟網主持人正在賣力地推薦著一款鳥巢手機。但是，當被問到鳥巢鋼材來源的證明，她卻啞口無言了。同樣，在奧運會期間大出風頭的高翔公司，一度表示自己已經獲得了水立方業主單位北京國家游泳中心有限責任公司和鳥巢業主單位國家體育場有限責任公司的授權，有完整的授權檔，但是在奧運會結束後不久，高翔公司卻不知為何改名，並從原來所在的浙江溫州搬遷到了深圳。

| 邦華巢流2008基本參數 |

【主　螢　幕】3.0英寸26萬色TFT屏、解析
度：240×320畫素QVGA

【攝　像　頭】130萬畫素

【語言支援】中／英文

【輸　入　法】中／英文輸入

【語音通話時長】約5小時

【待機時長】約316小時

【簡　　　訊】300條

【電　　　池】1100毫安培培原裝電1塊、贈送1100毫安培培1塊電池

【參考價格】RMB900元以下

【推薦係數】★★☆☆☆

【哪裡有賣】深圳市華強北遠望數位城、東方時代廣場

| 高翔鳥巢手機GX1188基本參數 |

【網路制式】GSM

【工作頻段】GSM900/DCS1800/PCS1900

【上市時間】2008年5月

【外　　　型】直板機

【顯示螢幕】LCM液晶，2.4、QVGA、
262K、觸摸lens

【儲存設備】Memory ROM+RAM、支持T-Flash卡

【電池容量】1050mAh

【攝　像　頭】130萬畫素

【高級功能】電視播放、MP3播放、視頻播放

說明書上的特別說明：採用鳥巢建築剩餘的鋼材鳥巢鋼－Q460
鋼材做構件，鳥巢鋼－Q460是一種低合金高強度鋼，強度比一
般鋼材大，生產難度大，國內在建築結構上首次使用這種規格
的特殊鋼材，是以前絕無僅有的。

【參考價格】800元以下

【推薦係數】★★☆☆☆

【哪裡有賣】深圳市華強北遠望數位城、東方時代廣場

| 高翔GX2118水立方手機基本參數 |

【外觀樣式】直板
【上市日期】2008年8月
【手機制式】GSM/GPRS
【支持頻段】900/1800MHz
【機身顏色】黑色、灰色
【螢幕參數】未知
【標準配置】鋰電池，充電器送512M卡
【輸 入 法】中文
【說明書特別說明】採用水立方外觀設置，國家游泳中心唯一授權
【參考價格】500元以下
【推薦係數】★★☆☆☆

| 金鵬F1祥雲火炬手機基本參數 |

【適用網路】GSM
【適用頻率】900/1800MHz
【通話時間】100-420分鐘
【待機時間】200-460小時
【上市時間】2008年7月14日
【外　　形】直板
【支援語言】簡體中文／英文、量大可做多國語言
【螢幕參數】2.6寸高清晰液晶手寫屏、分辯率：240×320px
【攝像功能】130萬畫素；最高輸出1280×960分辯率圖像。支援有聲錄影，
　　　　　　時間由記憶體大小而定
【記憶體大小】505K/256MB、可擴充、最大支援2G TF卡擴充
【機身通訊錄】300組電話、支援來電鈴聲、分組鈴聲、來電大頭帖
【簡訊多媒體】200條簡訊儲存量、支援多媒體簡訊
【其他說明】後蓋上有奧運祥雲火炬、兩個喇叭也是兩個奧運圖示組成
【參考價格】500元以下
【推薦係數】★★☆☆☆
【哪裡有賣】深圳市華強北遠望數位城、東方時代廣場

2、汽車手機：再寫暴利傳奇

2008年，大陸著名商業雜誌《IT經理世界》記者夏勇峰在深圳華強北高科德的商鋪老闆老李口中瞭解到了一個有趣的小故事，在老李的常年客戶之中，有一個青海的獨臂喇嘛，他專做汽車手機生意，每個月到老李的店舖來採購一次，每次只拿幾十台手機回去，儘管生意做得不算很大，但是據說在青海這樣的偏遠市場，汽車手機能夠賣一個想不到的價格，利潤率非常高。

事實也確實是這樣，很多時候，人們並不知道這些做工精緻的法拉利F1、布加迪Veyron、阿斯頓馬丁One77、寶馬Gina汽車手機到底值多少錢，因為在很多人腦海裏，即便是一個做工精緻的車模也可能價格數千人民幣，可是這些看上去品質都很不錯的汽車手機到底賣多少錢呢？無論屬於什麼高貴的車型，汽車手機的價格都在700～800元人民幣之間，最便宜的有可能價格都不超過300元。

由於這種心理價差，汽車手機在廣袤的中西部地區和東部的縣鎮市場還是有很大的發揮空間，也正因為如此，汽車手機已經成為深圳華強北各大批發市場內最為常見的一種山寨機機種。

3、手錶手機：佩戴山寨的感覺

按照分類，手錶手機本可以分在功能性創新一類，至少它的產生使得很多人不用佩戴手錶，但是由於很多人的使用習慣，手機早就充當了時鐘的概念，因此手機變成手錶並不代表一種突破性的創新，只是外觀的一種改變而已，因此，我們還是把它分在外觀創新手機之列。

　　和山寨汽車手機不一樣，山寨手錶手機之中精品並不多見，佩戴這些手錶手機，最多也只有佩戴廉價日本電子錶的感覺，絕對得不到佩戴瑞士機械表那種體面、時尚、端莊、奢華的體驗。但是對於很多人來說，手錶完全可以不帶，既然佩戴手錶的目的就是為了顯示身份或者表達自己的個性，那為什麼要將就一款劣質的山寨手錶手機呢？

| G108手錶手機基本參數 |

【適用網路】GSM
【適用頻率】850/900/1800/1900MHz
【通話時間】180-240分鐘
【待機時間】120-180小時
【上市時間】2008年4月1日
【外　　形】翻蓋，配兩電一充
【尺　　寸】51×51×20mm
【支援語言】簡體中文、英文、有多國語言
【螢幕參數】1.5吋26萬色、分辯率：128×160px
【來電鈴聲】64和絃、支援格式：MP3、midi
【音樂播放】MP3、可設置為來電鈴音播放、支援藍芽
【影片播放】3GP、支援視頻播放
【攝像功能】高清攝像、高清攝象頭、支援有聲視頻播放、錄製時間根據記憶體卡大小而定
【記憶體大小】505K、最大支持2G TF卡擴展
【資料傳輸】USB資料線傳輸、藍芽檔傳送、藍芽耳機、身歷聲、藍芽SAP服務
【機身通訊錄】100組名片、來電鈴聲、分組鈴聲、來電大頭帖、來電影片個性播放
【簡訊多媒體】支援簡訊、並支持E-Mail
【其他功能】MP3功能、MP4功能、免持通話、錄音功能、WAP功能、藍芽功能、GPRS下載、記憶體擴展、電子書、
【參考價格】700元以下，配藍芽需加50元

不過，和大多數粗曠的手錶手機不一樣，G108手機算是一款還算不錯的腕表，也是市場上比較少見的翻蓋手錶手機。這款懷錶造型的手錶手機擁有一個尺寸小巧的彩色螢幕，導航鍵四周環繞著數位按鍵，這樣的設計有點類似舊式電話，由於外觀比較精緻，設計也算新穎，這款手機還名列搜狐網評為2008年8款最具創意的山寨機之一。

4、山寨手機都是百變金剛

幾乎所有山寨手機的內核都是相同的，功能模組也無非上述那麼些，但其存在的形式確是千變萬化，永遠沒有常態，我們該用什麼樣的詞語來最貼切地形容它們呢？

2007年10月，盛泰公司將一款它們出品的山寨手機命名為百變金剛CM318，儘管名稱如此，但是這手機確是一款非常

這款手機採用直板機設計，背後寫著「Obama」的字樣，以及這位美國新任總統著名的就職演講宣言「YES WE CAN」。據悉，這款手機在肯雅上市的原因是，美國新任總統曾表態要在未來的某個時間訪問肯亞。

樸實的智慧手機，沒有一點出人意料的外在表現。

盛泰是這樣解釋CM318的，如果你想使用手機上的智慧名片，語音讀簡訊，電子書等功能，它就是一款商務手機，如果你要使用手機上的模擬遊戲功能，它就是一款遊戲機，如果你要使用它

｜中國娃娃Pucca手機基本參數｜

【適用網路】GSM
【適用頻率】900/1800mHz
【通話時間】180-240分鐘
【待機時間】120-180小時
【上市時間】2008年5月21日
【外　　形】翻蓋
【尺　　寸】55×55×55mm
【重　　量】85g
【可選顏色】鋼琴烤漆黑、粉紅色、紫色
【支援語言】簡體中文、繁體中文、英文、記憶體容量大可支援多國語言
【螢幕參數】1.3吋26萬色、分辯率：128×160px（外屏：{0}）
【攝像功能】高清攝像、高清攝像頭、支援有聲視頻播放、錄製時間根據記
　　　　　　憶體卡大小而定
【記憶體大小】機身記憶體1G
【資料傳輸】USB資料線傳輸、藍芽檔傳送、藍芽耳機
【機身通訊錄】500組名片、來電鈴聲、分組鈴聲、來電大頭貼、來電影片個性
　　　　　　播放
【鬧　　鐘】5組鬧鐘、支援關機鬧鐘、並能設置星期一到星期天鬧鐘
【內置遊戲】2款普通遊戲
【其他功能】MP3功能、MP4功能、免提通話、錄音功能、WAP功能、收音
　　　　　　機功能、藍芽功能、GPRS下載、中國娃娃手機、等化器、錄
　　　　　　音、自編鈴聲、碼表、圖形編輯器、日曆、備忘錄、鬧鐘、世
　　　　　　界時間、計算機、單位換算、匯率計算、健康管理
【推薦係數】★★★☆☆
【哪裡有賣】深圳市華強北遠望數位城、東方時代廣場

的電子地圖，它就是一款導航手機，如果你要使用其中的股票軟體，它就是一款炒股手機，它還是永遠不會斷電的手機，專業數位變焦拍攝手機，家庭影音娛樂手機……

雖然盛泰的說法難免有些自娛自樂，但是用百變金剛這樣的稱呼來詮釋山寨手機的生存狀態其實是非常之貼切的，也是對如此充滿創造力的手機產品最好的概況和總結。

只要歐洲人開始喜愛中國娃娃Pucca，山寨手機廠商HCT就把Pucca手機開發出來賣到歐洲去；只要肯亞人民對於新任的美國總統奧巴馬有產生了特殊的感情，山寨機廠商Mi就可以開發奧巴馬手機並把它賣到非洲去。

當需求產生在地球的某一處，山寨廠商的產品就會及時出現在某處。當然，這也和中國的山寨手機產業鏈競爭力顯著，全球各地的採購商趨之若鶩有關。

毫無疑問，目前的山寨手機市場是一個長尾產品的集合期，每一款山寨手機產品都是一個長尾，都有自己的細分擁躉，幾萬個手機產品形成的長尾，又堆積成了一個全球交易量最大，產品最為豐富的手機交易中心。

三、山寨手機「不完全製造流程報告」

在深圳寶安、布吉或者是東莞一些地方，有無數的山寨手機廠商，他們往往會以200萬左右的資金開始起步，租一個手機代工廠廠房，然後將一樓開闢幾個房間作為公場所，一般，這樣規模的公司雇用員工總數不會超過30人，其中，有10多個人負責採購和出

貨，幾個人研發人員搞結構和外觀設計的，還有一兩個負責財務和人力資源管理，其餘則都是生產工人，當然，很多山寨廠商自己並不設置生產線，那麼一個山寨廠商可能雇用20個人就足夠了，而起步的資金也會降低到50萬左右。

讓我們看看包含工廠的標準化生產廠商是如何運作的。

在辦公室的樓上，一般都會是山寨手機公司自己的生產空間。儘管是只是一個山寨手機工廠，但是對於產品的品質規範把控還是非常嚴格的，比如員工的進出都必須接受檢查，除了必須穿戴防塵帽、防塵服之外，所有的員工都不許自帶手機等其他電子產品進入工廠，

在工廠內部，往往就橫著幾條簡單的「生產線」，工人們沿著流水線坐著，將各種傳送帶配送來的零部件組裝成一部完整的手機，然後送到廠房裏技術含量最高的一個環節，檢測室進行檢測，最後，一部山寨機就此下線。

如果將虛擬生產發揮到極致，而且合理使用模組化、少批量、快出貨的生產方式，很多山寨廠商其實並不需要自己負責生產，只需要將訂單下給專業代工廠就可以了。而這時，山寨廠商的起步資金也不需要200萬人民幣，50萬也許就足夠了。

（一）研發

如果山寨工廠的研發人員要開始「研發」一款新手機，擺在他們桌面上的，應該已經有一堆方案公司送來的母板設計「功能表」，在這些方案之中，每一款母板的技術參數、基本功能都已經

寫得清清楚楚，甚至連主板的照片都配好了，就等研發人員來挑
選了。

　　有了聯發科提供的公共開發平台，以及數百家方案設計公司
每天都會送過來的手機母板，實現什麼雙卡雙待、超大容量電話
簿、超長待機、支援外置記憶體卡的功能，已經都不是什麼難題，
而山寨機研發人員可能會更加關心一些基本功能以外的其他特殊功
能，比如說能夠支援多少娛樂功能：MP3/MP4、收音機、超大觸
摸屏、攝像頭，能夠提供多少軟體：手機QQ，炒股軟體，手機導
航，翻譯軟體，最好是要多全面就要多全面。

　　在研發人員選中了某款母板之後，方案設計公司的銷售人員
會立即提供相關的工程圖檔給山寨手機研發人員，而這才只是山寨
手機廠商開始創新之旅的起始點，一切普遍功能堆積之下的特殊應
用，就需要依靠超常的靈感發揮。

　　如果山寨手機廠商準備做一款「電擊手機」，而且對外觀的
要求不是很高，但是必須要在手機的頂端安裝一個能夠釋放瞬間高
壓電的放電棒。這時，研發人員會設想這款手機的消費群體是哪
些，並開始推敲這一目標群體的使用習慣，研發人員會覺得，便攜
的電擊，很明確是要讓消費者，尤其是女性消費者方便攜帶和方便
防身使用，還要不引起注意，因此就要和手持電擊棒一樣，大拇指
一按，高壓電就釋放出來了，被電擊對象不會有時間作出反應，所
以這個電擊棒的按鍵一定要在手機的左上側或者是右上側，還有，
電擊模組是可以卸載的，因為消費者並非時時刻刻都要帶著電擊棒
上路，因此，電擊裝置做在電池部分比較合適，一旦換一塊正常的
電池，電擊棒功能就自然卸載了。

（二）設計

　　這裏順便介紹一下方案公司。每天跑來推銷產品和了解手機銷售情況的方案公司，其實就是以前的手機設計工作室，他們主要承擔的就是將外觀設計方案變成CAD資料，以及調整軟硬體的參考設計，只是現在聯發科推出了整體解決方案之後，設計工作室的主要工作就變成了推銷各種不同的手機方案。在方案公司的業務中，要想實現更多的優秀設計方案，其關鍵就在於和上游的聯發科和下游的山寨工廠和銷售網站建立密切的往來關係。

　　這些方案公司最被看重的就是相應速度，一般情況下，模仿外觀的機型會在最短的時間裏製造出來，品牌手機從打廣告到產品實際上市需要幾個月的時間，在這一期間，方案公司便可完成模仿手機的設計、製造並開始向山寨廠商供貨，一般的設計只需要40～50天，根據山寨廠商的回饋進行修改的時間不超過一周。

　　一般方案公司的設計人員有10人～50人不等，設計人員的基本工資平均為8,000元，其中有一部分為高級技術員，月薪高達1.2～1.5萬元。

　　方案公司的設計人員在進入公司3個月～半年的時間裏大都在學習模仿的方法，在2～3年內至少要掌握100種機型的設計，而30人每年至少可以設計出1,000種機型，但這1,000種機型中，能夠符合山寨廠商的需求並正式投入量產的也就200～300種。

　　而方案公司的收入基本上分為兩種。一種是4萬～5萬元的單純委託方式，設計完後交給山寨廠商即可拿到設計費，但是這樣方式目前越來越少，現在流行的是另一種是成功報酬方式，也就是設

計免費，但是方案公司參與銷售分成。一般情況下，當山寨手機的供貨量超過1萬部時，方案公司會從中領取5萬元的報酬，在以後，供貨量每增加1萬部，就額外再拿相應比率的報酬。

（三）改造

　　在決定電擊手機的方向之後，研發人員就會找來方案公司並要求做一些修改，如在被選中的母板上加一個控制IC、電路，以及電流升壓裝置，電擊棒等，根據這些修改，方案公司開始重新調整手機的結構和外觀設計，幾乎所有瑣碎的修改事宜都全部交給方案公司去做，而且修改前後的價格也相差不多。然後，根據選中的方案實際的成本結構，確立一個山寨手機廠商認為合理，方案公司也願意接受的採購價格，當然，由於方案公司的競爭激烈，它們的報價都很透明和實在，因此也沒有什麼討價還價的空間。

　　即便是選型之後，山寨手機研發人員心裏對於選中產品是否好賣也依然沒有什麼底，因為有時候熱銷的產品是誤打誤撞出來的，但是所幸的是，每款山寨手機剛開始銷售時的批量都不大，而且山寨手機廠商的反應都很快，如果市場效果不好，可以在試銷一個月之後立即停產，並把餘貨從管道內撤下來，然後改弦更張開始新的產品探索。

　　有時候，追隨潮流是個不錯的選擇，看看品牌市場和山寨市場上什麼產品熱銷，然後採納類似的方案並加以改進，一般效果都會不錯。奧運期間鳥巢手機和水立方手機熱賣，是因為主流文化已經將奧運變成了流行元素，則應該立即跟進，並且要做到「出、賣、撤」比誰都要快，速戰速決，賺到錢就走，不能留戀一個正在

消失和衰落的市場。對於那些什麼鑲鑽手機、香水手機、神五手機、開光手機、超長焦距拍照手機，所有的焦點都應該採取同樣的策略。

如果看上了某一款流行的大牌手機正在熱銷，仿製也是一種絕好的跟隨策略，但是往往看上的手機型號並不在方案公司送來的手機母板之中，但是也沒關係，可以直接找方案公司索要。只要知道這款流行手機的型號，就基本能夠從方案公司那裏獲得正品的外觀和用戶介面機型的完整製造方法，那麼多方案公司之中，總有人能夠把所需的部件和設計資訊都搞到手，因為很多品牌手機都是在中國生產的，而方案公司們總是在標榜他們有很多的人脈，可以得到一切他們想得到的資訊。

在確立機型之後，方案公司就立即進入修改程式，一周以後，山寨手機的研發人員就可以拿到樣板機的模具，然後立即囑咐採購人員趕緊備貨，以便迅速進入「量產」階段。這就是整個山寨手機的「研發」過程，最多只有品牌廠商設計市場的1/5～1/8。

如果不想花心思，採購人員的備料工作正在變得越來越簡單，因為就在寶安、布吉或者是東莞一帶，賣主板的、賣鍵盤的、賣喇叭的都雲集在一起，手機配件一應俱全，除此之外，貼片組裝、軟體發展、印刷包裝，物流裝配、分銷、售後服務外包，山寨手機廠商在這些其他的配套環節，也都是一應俱全，一呼百應。

但是完全依賴這些零散的配套還是會有問題，因為品質和數量都沒有完全的保障。對於山寨手機廠商的負責人而言，一個相當重要的工作重點是通過人際關係來獲得品牌廠商所採購配件的資料及資訊，目前，很多配件大廠一邊在向山寨機供應配件的同時，也的廠商大多也向品牌手機廠商供貨。山寨手機廠商負責人一個重要

工作，就是找到這樣的能夠保障品質和數量的大供應商並與之商洽合作。

對於很多仿製手機而言，如果品牌手機使用在中國製造的零組件，那山寨手機基本上也必須採購到相同的產品，這樣才能夠體現價格的優勢。不過這樣的目標也比較容易實現，比如，品牌手機的供貨廠商在為品牌手機生產1萬個零組件時，實際上會生產1萬多個，這時山寨廠商就可以購買所謂的尾貨部分。當然，即使這樣的目標達不到，也必須通過人際關係拿到零組件的性能說明書等設計情報，再找其他供應商模仿製造。

採購配件的相關工作做到位以後，材料和配件備齊的過程一般都會進行得很快，一旦備齊，樓上廠房的生產線就開工了。但是由於市場對這款電擊手機的反應是好是壞還未可知，於是，往往會先裝個1,000台試一下市場，半個月後，就可以在終端市場上了搜集電擊手機的實際銷售情況了。

批量生產的產品能夠很快能夠下架，而且良品率很高，因為山寨機企業要求的是速度，一款手機的實際市場壽命只有3～5個月，無論是主管還是員工，連雙休日都在工作，不過，山寨廠商也不會靠少發工人的工資來降低成本，工人工資一般都會高於政府所定的最低工資標準，而且還有加班補助，出工的工人由於能夠在短時間內獲得可觀報酬，因此對長時間勞動也無怨言，這樣產品品質才會有最終保障。

當然，山寨手機的製造主管必須是一個各方面都非常出色的人，山寨機業務都是依靠幹勁和實力打拼出來的，24小時運轉的工廠，隨時隨地都會有員工將緊急情況和問題請示到製造主管的手機

上來，對於一個稱職的製造主管而言，必須有充沛的精力和足夠的智慧來勝任這樣的工作。

（四）銷售

管道往往是山寨手機的命脈，沒有管道的支援，再好的產品也只能堆放在庫房裏。

因此，很多山寨機廠商都是從經銷商轉過來的，它們的手裏都會掌握一些批發商和零售商資源，所以手機一下線，首先都會往這些管道資源配送，先進入「華強北」眾多的手機批發市場和手機集散中心，最後再由此分散到全國各地的縣城鄉鎮。

由於參與的廠商越來越多，獨具特色的產品卻越來越少，因此產品同質化競爭越來越激烈，毛利也當然是一降再降。一般情況下，目前山寨廠商賣一台手機也就賺50元，而給到批發商手裏，他們的空間有50～150元，而給到零售商那裏，賣得好還能再讓零售商賺個100元的利潤。

這個路徑和品牌手機廠商所走的完全不一樣，如果走品牌道路，毛利至少要保持在30%，但是不做品牌，運營成本會低得多，同一款手機的市場運作成本，如果品牌廠商要90萬，山寨廠商可能只要20萬，因為做品牌必須承擔國家規定的17%的增值稅、入網檢查費每部30～40元，還有銷售稅、發票稅，還有市場推廣和售後服務費用等等，這些成本一旦全部疊加到產品上，30%的毛利也不一定能夠抵消掉。當然，這還沒有計算時間成本，一般情況下，品牌產品的開發週期至少要比山寨產品慢個半年左右。

當然，很多高仿從產品的主要市場還是在國外，如可以賣到印度、俄羅斯去；而中東那邊還真喜歡奇形怪狀的山寨手機；而在非洲那邊的市場，只要便宜就賣得出去。因此，海外管道的拓展對於山寨廠商來說顯得尤為重要。

（五）賺錢

對於山寨廠商，由於沒有品牌，賺錢是最重要也是最直接的經營目的。

到目前為止，山寨手機本身還是很賺錢的，據透露，儘管市場競爭激烈，如果運作良好，每部山寨手機還是能夠獲得80～150元的毛利，如果一筆業務的供貨量在3萬部，則毛利可達到240萬～450萬元，山寨手機的成本可見附表。從表中我們可以看到，零組件費用其實相當便宜，主機板及其配件僅為99元或133元，山寨機一般都支援視頻播放及觸控螢幕，功能絕對不差，甚至比歐美品牌的普及機型更豐富。估計這是聯發科在訂單充足的背景下，能夠以類似微處理器的價格來銷售整套的手機構件，這樣的廉價銷售才得以成立。另外，無源組件多半採用韓國產品，大批量出貨的韓國產品也為降低成本做出了貢獻。

但是現在的問題是，由於產品競爭極度激烈，新產品也是層出不窮，因此目前的問題是山寨廠商的每一批產品的量都不會像以前那麼大了。2006年，深圳一個最大的山寨機廠商曾獲純利2億元，因為那年，它的每款機型銷量都在10萬～50萬部左右，有時甚至達到100萬部，但是現在，其最多的批量也不過5萬部。批量的降

低，導致山寨廠商的運營成本大幅度攀升，淨利潤也隨之降低，賺錢變得越來越困難了。

　　而且現在的風險也越來越大，如果手機做出來不好賣的可能性大大增加，如果庫存積壓嚴重，那就要虧錢了。

一台多媒體山寨機的大致成本	
液晶顯示模組	約60元
主機板（相關零組件都已經安裝完畢）	99元或133元
充電器、電池、機殼、揚聲器等	合計約50元
組裝費	4～10元
開模費	根據產量而異
廠商毛利	80～150元
出廠單價	300元左右

參　訪　篇

中國山寨手機朝聖與導購

一、中國山寨手機朝聖地介紹

　　深圳市位於廣東省中南沿海地區，珠江入海口之東偏北。東西長81.4公里，南北寬（最短處）為10.8公里，東臨大鵬灣，西連珠江口，南鄰香港，與九龍半島接壤，與香港新界一河之隔，被稱為「香港的後花園」。全市總面積2,020平方公里。人口500多萬，多數來自外地，因此深圳被稱為「移民城市」、大陸最大的經濟特區，深圳從鄧小平首開「南巡」講話，表明「不改革開放就下台」開始，就是「敢為天下風氣之先」，因此，它也是中國山寨經濟文化的發源地，更是中國山寨機最大的製造生產與批發的基地，並且形成一條健全手機生產產業鏈，數量巨大的企業依附在這條產業鏈中尋找生計。

　　深圳發佈一項統計表明，在深圳的手機生產企業當時已有近140家，與之配套的晶片整合公司36家，主機板研發企業140家，外觀結構設計企業50家，藍芽廠商近300家；通路上，深圳共有國包商約250家，省包商1,260至1,300家，整機貿易公司20家，手機賣場100家，零售商150家及物流配套企業150家。隨著山寨手機銷量的增長，依附在這個產業鏈上人也越來越多。山寨手機的製造，從研發到銷售都有專人分工，包括液晶螢幕、耳機、電池、充電器、手寫筆甚至攝像頭鏡片、防塵網等都有專業廠家在做，當然，還有最重要的晶片提供商「聯發科」。

　　呼應這條產業鏈的，就是在深圳的山寨機販賣基地，沿著深圳市華強北路的各大商城，在華強北路周遭約1.5平方公里的土地

上，擁有以販售山寨機聞名的賽格、高科德、龍勝市場、明通數位等電子商城，每天湧進約13萬個工作從業人員，近30萬～50萬個買家，年近人民幣250億元的交易在此地完成！華強北路的各式電子商城，一如大陸南方常見的產業聚落給人的印象，以華強北路入口的賽格廣場為例，10層樓建築，從各式零件到成品銷售，每家平均2坪不到的店面，保守估計裡頭大概擠了近600家廠家，更遑論類似的大樓，在當地有10來棟。走一趟，組裝一支手機、MP3、GPS、Netebook的所有各式零件，可一次買足。所以，山寨機的朝聖基地，也簡稱「華強北」，當地山寨機業主說：在「華強北只有你想不到的，沒有你買不到的。」

（一）朝聖地之一：深圳龍勝市場

　　龍勝手機批發市場位於深圳市中心，從主幹道華強北路向東稍走片刻，就可以找到這個山寨機的核心市場。現在，龍勝市場以其山寨產品多和全而著稱，其營業面積達20萬平方尺，共有來自全國各地及海內外7,000多個商家在這裏從事手機配件批發業務。市場經營歷史長達12年之久，規模屬東南亞之首，貿易遍及內地及東南亞、東歐、阿拉伯等國家和地區。在龍勝市場，你可以找到任意一款名牌手機的山寨版本，並且價格還遠低於市場價格。不僅如此，幾乎所有的手機和數位產品的相關配件也都能找到。

　　在龍勝的手機批發中心，雖然名為「批發」，但裏面的店鋪也都有零售。在龍勝市場，一間只有面積不到2平方米的店面，銷量就已經十分可觀。據介紹，這樣的小店鋪銷售額每月可達到150萬～200萬元，而店鋪租金為每月3,500元，每部手機的毛利為20元

左右，包括批發在內，銷量每月達到約3,000部，這樣算來，每月毛利有6萬元，純利潤有2萬元。

不錯的賺錢機會，完備的「一站式」購物環境，使得龍勝市場已經成為深圳人乃至全國商人購買通訊數位產品的必選之地，也成為國內外山寨產品的集散地。

（二）朝聖地之二：深圳賽格廣場

深圳華強北無疑是山寨市場最核心的地方，因為大部分市場和貿易商都聚集在這裏，而賽格廣場又是核心之中的核心，這座深圳市第二高的建築，占地面積175,000平方米的大市場，是亞洲最大的電子產品交易中心，是深圳市電腦電子及其周邊設備的交易最密集的地方，在這裏，每天的人流量最高達500萬以上，世界各地的電子採購商都來過這裏，並設立有不計其數的公司或辦事處。它也是傳統電腦配件市場、IT產品集散地，主要是學生和網吧裝機勝地。

2004年的開始，山寨手機的最早雛形開始出現：一些貼著「CECT」牌的手機首次在賽格廣場開始銷售，這些手機外形酷似當時市面上流行的大牌手機，價格卻只有大牌手機的1/3，但是，由於品質不穩定，這些仿製手機並沒有走俏。進入2005年，台灣晶片設計巨頭聯發科開始切入市場，它生產的MIK手機晶片，把手機晶片、主板和軟體集成到一起銷售，只要加個外殼和電池就能變成手機了。於是一些深圳的小作坊做起了「黑手機」製造，而賽格成了主要的銷售點。

2007年10月，中國實施長達9年之久的「手機牌照」制度終於被取消，進入手機行業的制度門檻沒有了，從前偷偷發展的「黑手機」

作坊，在一夜之間開始爭相「漂白」，這些廠商堂而皇之地蜂擁至賽格廣場的地下一樓發展它們的事業。由此，「山寨」這個名詞也從賽格市場應運而生，而這些山寨手機廠商通過小作坊起步，期待通過快速模仿成名品牌的做法發展壯大，「山大王」的稱呼也由此而來。

至此，賽格廣場已經成為「山寨手機」天堂，數以萬計渴望擁有自己品牌手機，種種原因而長期被阻隔於手機行業之外的IT數位廠商、投機客、手機經銷商，紛紛來到賽格「朝聖」……

從2008年開始，賽格的6樓又出現了一些「廠家批發電腦」的招牌。一些名不見經傳的廠商，在窄小的攤位攤前赫然擺出：「國內唯一筆記型電腦研發、製造和服務的航母企業。」的橫幅。儘管讓人驚訝，但也總是有人群會駐足，品評和討價還價。「山寨筆記型電腦」就此在賽格騰空出世。

山寨筆記型電腦複製了山寨手機的模式，期待獲得山寨手機一樣的成就。雖然筆記型電腦行業和手機行業還很不一樣，但結果還未可知，且是山寨筆記型電腦火熱的銷售場面，卻足讓賽格5樓的正規品牌PC廠家汗顏。

以賽格為核心區域，一個完整的山寨手機和筆記型電腦產業鏈已經形成，並擴散到整個華強北地區。上游是MTK、ARM、ATOM等晶片設計和製造廠商，中游是無數的手機方案研發公司和設計中心，下游則是上千家手機集成商和貿易商，另外，為此配套的上萬家元器件、外觀設計、模具、殼料和組裝料供應商以及組裝工廠和物流公司也在此雲集。於是這裏就形成了中國乃至全球最為強大的手機產業資訊交流、創新啟發、製造、貿易的發源地。

賽格和華強北，已經成為「山大王」的搖籃。由山寨起家，在2003年進入市場的國產手機品牌天宇朗通，是一家華強北成長起

來的手機企業，去年該公司手機銷售量達到1,700萬台，成為國產手機第一名。而另一家同樣在華強北發展壯大的金立手機，憑藉著獨特的電視購物行銷模式，佔據了國產市場老二的地位。與天宇朗通、金立等一樣從華強北走出來的手機巨頭，還有酷派、金鵬等。

（三）朝聖地之三：深圳高科德

走進當下的高科德數位廣場，人們也許絲毫感覺不到到金融危機的存在。整個數位廣場有四層，設立了不同的產品櫃檯，各個櫃檯都擠滿了人，都在相互談著生意，每個人都是忙忙碌碌。幾乎所有的數位產品在高科德都能找到，並且很多稀奇古怪的東西都能看到。讓人眼睛一亮的是，這裏有很多的外國人，他們從這裏進貨，運回國內，然後掙取高額利潤。

目前，高科德市場的成交量，僅手機每天就有6,000多部，其他產品的成交量也很可觀。

與其他通訊市場不同的是，高科德通訊數位廣場將改變傳統電子市場的經營模式與佈局規劃，採用統一經營、統一管理、統一形象、統一行銷的經營模式，力圖打造體驗式、一站式的通訊數位主題式廣場。通過這些升級，高科德希望自己能夠成為華強北通訊電子市場的升級版。

（四）朝聖地之四：深圳遠望數位城

2009年6月的某一天，在華強北遠望數位商城三樓，做手機生意已經4年的商家葉仁濟又開始忙忙碌碌，他剛剛將3,500部手機快

遞至阿聯酋的首都迪拜。葉仁濟稱，他是最先開闢中東市場的山寨經銷商之一，光去年一年，他銷往阿聯酋、沙特等國家的手機就有近10萬台。

而葉仁濟只是遠望數位商城600多個專業手機經銷商之一。其實，借助遠望數位商城地處華強北核心商圈的優勢，山寨手機產業已經迅速得駛入了向海外拓展「快車道」。創辦四年，遠望的手機市場每天有20萬部手機銷往世界各地。通過每年的深圳電子商會和電子展會，歐美、中東和東南亞客戶都會進場洽談採購，即使在去年全球金融危機的緊縮期，中東和東南亞的訂單仍穩中有升。

二、中國山寨經典手機導購 與使用安全注意事項

（一）消費者為什麼要買山寨手機？

山寨手機在中國大陸的銷售量，已經占到全大陸手機銷售量一半以上。山寨機的價格往往僅是品牌手機的1/2到1/3，而且功能齊全，針對各種品牌的仿造機、貼牌機，以及名稱五花八門的雜牌手機，款式什麼樣的都有，但是這些就是大陸消費者購買山寨手機的唯一理由嗎？

購買山寨機的一個最大前提，就是你對品牌之類虛無縹緲的東西必須並不在意，或者並不是真正的在意。因為即便你兜裏揣著的手機標著Vertu，Dior、Channel，但事實上人們也知道你根本就承擔不起這樣的消費，你買它們只是為了圖個新鮮，圖個好玩。

　　或者，你就是覺得為所謂的大品牌買單根本不值得，大牌手機一般都只有少的可憐的功能，卻賣著高昂的價格，但面對低廉的山寨手機，你已經明白，高解析度攝像頭、雙卡雙待、藍芽、MP3、MP4、FM收音、電子書，這些所謂的高科技其實並不值錢。

　　總之，歸納種種購買山寨手機的動機，人們無非出於兩個方面的考慮，貪圖山寨手機出色的低價優勢，覬覦山寨手機無以倫比的實用功能，這兩大因素誘使著一個龐大的消費群體頂著被品牌至尚者輕視的壓力，冒著品質不過關產品的風險，毫無顧忌地投身於山寨手機的懷抱。

　　事實上，源源不斷地創造出「低價優勢」和「超級應用」，是山寨機存在於市的兩大理由，也是山寨精神生生不息的源泉。

　　基於第一個購買山寨機的原因，山寨手機往往能夠滿足手機市場一些最原始，最本質的需求：如愛慕虛榮，貪圖品牌卻又承受不起正牌產品；如花最少的錢，卻想使用最時髦的產品。

　　基於第二個購買山寨機原因，也許是你對目前市場上的主流品牌手機並不滿意，因為它們根本就滿足不了你的需求。

　　每天開著計程車兜攬生意的深圳「計程車司機」會想，為什麼要多帶一個手持驗鈔機，為什麼不在手機上安裝一個？而不分日夜隨民航班機奔波的空中保安或者旅客也會想：「為什麼不在手機上裝個剃鬚刀，為什麼不裝上一個手電筒，這樣行李就可以少了。」還有，虔誠的佛徒也會期待，手機這樣每天都離不開的隨身「俗物」，能否變成一種能夠將世俗科技和佛家精深文化緊密結合的聖神之物？

　　另外，隨著消費取向的日益多樣化，開始追求個性十足的消費產品的人群在規模上不斷膨脹，尤其是中國二線城市的廣大女性

手機消費者，她們漸漸淡化品牌辨識度，卻日益追求漂亮和有個性，買手機甚至要和穿衣服一樣，絕對不能和別人「撞衫」。

消費者有著如此之多特殊與細節的需求，但是大規模批量生產，工業化運作的品牌手機廠商諾基亞、索尼愛立信、摩托羅拉，又如何能夠訂製和滿足這樣形形色色的各類需求呢？

如此想來，也只有那些最貼切市場的山寨手機廠商，能夠洞悉消費者的各種細分需求，並開發更多的實用功能來真真正正地投消費者所好。

不怕丟臉、不怕低利潤，做最大的努力去改變手機的組織形式，把能夠實現的功能都實現了，想方設法滿足消費者的一切需求。這些普通手機廠商都做不了的苦活累活，也許只有中國的山寨機廠商能承受下來。但是事實上，佛家弟子、計程車司機、空乘，這些有特殊需求的消費者購買山寨手機的理由，正是山寨手機能夠做到手機做不到的事情。

從產品的工業設計與技術創新的角度看，山寨手機廠商這種基於一切為了滿足需求的執著和無所畏懼的態度，反而值得正規品牌廠商們去學習。

（二）如何給山寨手機分類

山寨手機的群體之中，「莠品」的數量遠遠超過「良品」。有統計顯示，目前流行於市的山寨手機型號多達幾萬種，其中大部分都是以及其低廉的價格和不佳的品質銷售於市，而其內核都是基於聯發科的解決方案，智慧手機也主要採用Windows Mobile作業系統，因此功能外觀大同小異。事實是，幾萬款山寨手機之中能夠

成為流行甚至經典的少只又少，從山寨手機誕生之日到現在不會超過50款。但是從2008年開始，山寨手機市場還是出現了一些熱銷產品，諸如從外觀到功能仿製蘋果iPhone唯妙唯肖的桔子手機、sciPhonei68，在手機上裝接6倍變焦長焦鏡頭，讓普通傻瓜數位相機都自歎不如的「拍鳥」利器金蘋果LV2008，在四個方向裝有四個完全相同的高解析度攝像頭，可以實現360度全形取景拍攝的奇泰C600。

山寨手機在功能創新方面的嘗試是無所顧忌的，早在2008年的時候，正牌廠商猶豫於手機電視標準未定，押寶CMMB和TMB兩種技術都存在很大風險時，一款搭載7.62釐米（3英寸）26萬色QVGA螢幕的移動電視手機QKfone D820就已經在市場上大賣。2008年8月，公共汽車、計程車上，到處都有人拿著山寨電視手機收看自己喜愛的北京奧運會比賽，但對於各大正牌手機廠商，又有誰真正抓住了奧運比賽專案收視高峰帶來的商機呢？

尤為重要的是，這些成為經典的山寨手機都不到1,000元人民幣，也就是說，以此代價來體驗當時的中國還買不到的iPhone，拿攝影手機和電視手機過個癮，這樣的支出是微不足道的，如果用得不喜歡了，可以隨意再換一款「更牛」的。

從以上的例子我們已經發現，以精品和垃圾貨來區分山寨手機最為簡單，垃圾貨多如牛毛，但是沒有研究和探討價值，因此不在我們表訴範圍之內。而在精品之中，又以「超級模仿手機」和「革命性創新」手機來給來區隔山寨手機最為合理，這是基於山寨手機購買需求的一種合理分類，在這樣一個分類框架之下，我們也可以真正洞悉山寨手機的技術發展路徑和品類演變過程。

1、超級模仿手機

超級模仿手機因為和正品極度相似，也因此被稱作為高仿手機，在價格趨同的前提下，其成為經典和暢銷貨的邏輯非常簡單：越逼真越熱賣。

（1）奢華機高仿

    a. Goldvish高仿

    b. Vertu高仿

    c. Christian Dior高仿

    e. TAG heuer高仿

    f. AURA高仿

（2）iPhone高仿

    a. iPhone高仿

    b. iPhone 3G高仿

    c. iPhone 3GS高仿

（3）主流品牌高仿

    a. 諾基亞高仿

    b. Sony PSP高仿

    c. 黑莓高仿

    e. 索愛、三星、摩托高仿

    f. 迪士尼、芭比高仿

2、革命性創新手機

　　有著革命性創新的山寨手機，一般會分為功能革命性創新手機和外觀革命性創新手機。

　　山寨機層出不窮的創新，來自於異乎尋常的想像力，在技術門檻降到最低的時候，想像力成為創意的最主要動力源泉。很多時候，經典的「跨界」山寨產品，它們的創新靈感和推動力來自於手機行業以外，這些創意很成功，也是對於手機通信功能之外需求一種非常準確的把握，在某種層度看，不少創意的本質，就是將別的數位電子產品加入了移動通話功能，使之成為一款不完全是手機的手機。

　　需求的潛力是可以被無限挖掘的，只要有足夠的膽量，和有足夠厚度的臉皮，對於山寨手機廠商而言，市場是唯一導向，沒有什麼其他的條條框框，可以束縛它們的思維和行動。

　　革命性創新手機的成功程度，往往和它們的創新震撼力成正比。

（1）功能突破

　　　a. 電擊防衛手機
　　　b. 風水手機
　　　c. 佛家專用手機
　　　d. 三防（防水、防震、防塵）手機
　　　e. 攝影攝像手機
　　　f. 電視手機
　　　g. 剃鬚刀手機

h. 煙盒手機

i. 雙面手機

j. 轟天雷手機

l. 驗鈔機手機

（2）外觀突破

a. 奧運手機

b. 汽車手機

c. 手錶手機

e. 百變金剛手機

f. 奧巴馬手機

（三）山寨機購買風險警示

1、法律問題

相當多的高仿製手機和外觀突破型手機，是存在版權問題的，對iPhone、Goldvish、Vertu、Christian Dior、TAG heuer和AURA的肆意仿造顯然是對國際知識產權的侵犯，而那些隨著奧運一起出現的鳥巢手機、水立方手機，也是統統沒有經過奧組委授權的問題產品。

在中國未來知識產權保護力度不斷強化的大趨勢下，這些高仿手機並沒有多少長久的生命力，即便模仿能力達到爐火純青的地步，即便有著無數追捧簇擁，它們的未來依然經不起法律和市場的

推敲，即便如果有一天它們能夠真正做大，也不能延續仿造大牌的老路。

你如果購買和使用這些高仿產品，當然不會承擔法律責任，但是考慮到這些產品的短生命週期，你的手機未來的維護和配件的採購會有困難，不過其實這也不是問題，因為為此花費不多，一旦手機用壞，直接丟掉就是了，換台更好更逼真的山寨手機是最好的解決之道。

山寨手機如此強大的功能，也為心有邪念的壞人提供了最好最便利的作惡工具，如史上最邪惡手機：「鴻博v8」，讓沒有惡念的人也想體驗一下偷拍的快樂。

這些超級偷拍手機其實都是最有效力的作案工具。「拍照手機，藝人勿用，遊龍戲鳳，幽怨霆鋒」——這是一個網友對鴻博v8的搞笑點評，買山寨手機不犯法，但是以山寨手機搞「偷拍」卻要坐牢。

2、安全問題

「發生了什麼事？」猝不及防的林先生剎那間從行駛中的摩托車上被掀了下來，手忙腳亂地撲打著自己身上的大火，熊熊的火焰在他的厚重皮衣上飛快蔓延，不僅將他腰腹、右手燒得一片焦黑，還將他的下巴和嘴唇燒出了幾個大水泡。街上的群眾被嚇壞了，七手八腳地幫忙。等林先生身上的大火撲滅後，好不容易定下神來的他才發現自己原本掛在腰間的手機已摔在了地上，機頭一片焦黑，還在冒出縷縷黑煙。原來，「肇事者」正是這部某知名品牌的手機。隨後被送往鎮衛生所的林先生因傷勢過重被轉送到了廣東

147

省韶關市第一人民醫院，醫生發現他的右胸腹部、雙上肢、面部都被火焰燒傷，經診斷為二級燒傷。

2007年開始，中國的報章上常有看到手機電池爆炸事件發生。當然，這些發生爆炸的電池，有山寨手機，也有品牌手機，手機電池安全隱患已經成為手機行業一個不容忽視的安全問題。

沒有證據表明山寨手機的電池是導致爆炸事件頻發的罪魁禍首，但是山寨手機一直標榜的超長待機時間卻是一個非常大的安全隱患。

有的山寨機宣稱，超大容量電池，待機時間可長達一年，事實果真如此嗎？如果是事實，則又意味著什麼呢？

手機電池容量越大，待機時間跟使用時間也就越長，正常電池的容量應該在800至1,200mAh，但是很多山寨手機標注的電池容量達到8,000至10,000mAh，如果這標注是真的，則意味著手機電池一旦爆炸，其威力相當於一顆能掀翻整個屋子的炸彈。

有關權威機構的檢測認定，大部分標注高容量電池手機，其實並沒有那麼高的電池容量，一顆標注為8,800mAh的電池，經檢測，實際電池容量僅為880mAh，折扣率非常之高。而國內鋰電池電芯製造巨頭比克電池的有關專家也認為，以目前鋰電池廠商的技術實力，生產8,800 mAh的手機電池還不太可能。

儘管沒有那麼牛的高容量電池，購買山寨機的時候，還是要在意一下電池問題，這是最重要的購買注意事項。

　　對手機電池要求要苛刻一點，儘量花多點錢，配一個諸如飛毛腿這樣的大廠商生產的品牌電池，而且要確保買到的不是假貨。同時，還要儘量規避購買標注為超大容量的電池，無論標注數值是否為真，都不要貪圖待機時間而給自己的腰間別上一顆隨時都可能爆炸的炸彈。另外，還要儘量避免將手機放置在太陽直射處、通風管道排熱口、微波爐等爐具附近，這些溫度高的地方，手機電池發生爆炸的可能性會大大增加。最後，應儘量把山寨手機放在手提包裏不要放在貼身的口袋裏，更不要緊貼著人體的重要器官。

　　山寨手機另外一個容易被忽視的安全問題是有關於電磁波輻射。不少的山寨機為了追求信號好，就人為得將手機功率調得很大，這樣做的代價，就是使手機的輻射也大大增加，這就會對使用者造成傷害。

　　因此，購買山寨機的時候，也要注意輻射問題。

　　儘量避免標榜信號強的山寨手機，購買的時候，可以將手機以通話狀態放置在揚聲器附近，如果揚聲器因此而發出劇烈的爆裂音（沒有噪音是不可能的，但是不能太大），則表示手機的輻射力度很強大，這樣的禍害玩意兒功能再強，外觀再漂亮，都應該敬而遠之。

　　如果從專業角度出發，不少山寨機存在的問題不容小覷，而這方面資訊的辨識能力恰恰是普通消費者所欠缺的，有一個簡單的方法可以幫助消費者進行鑒別：仔細觀察山寨手機的做工，觀察外殼的接縫處是否平整，手感是否光滑，拆開外殼之後，也可以看看線路板的品質和做工是否考究。

　　山寨機廠商之中也有大批的佼佼者，儘管有一部分是由小廠生產製造，無標準規範與衡量，但是也有相當大的一部分山寨機，

它們採購的零配件和諾基亞、索尼出自同一供應商,它們的產品也是由具備全球頂級製造能力的EMS大廠所生產製造,因為經濟危機,導致這些零部件工廠丟失了很多大廠的訂單,而很多EMS工廠也閒置出來很多的產能,這些上規模和成氣候的山寨機巨頭,也就成了它們努力爭取的對象。

所以作者在這裏再次鄭重提醒本書的讀者,購買山寨手機雖然物超所值,但是一定需要謹慎選擇。

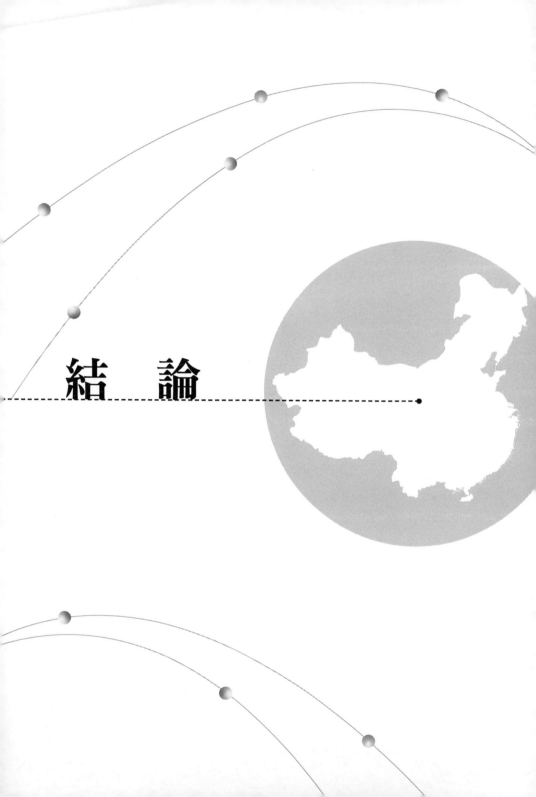

結　論

一、山寨手機：兩岸產業鏈的另類整合

　　根據最新的統計，2008年大陸山寨機生產量已超2億台，大陸內地銷售量達到5,300萬台，佔據大陸四分之一的市場額。但若沒有台灣IC設計大廠聯發科，就沒有今日的山寨手機的輝煌，作為幕後推手，聯發科成就了中國內地浩浩蕩蕩的「山寨經濟」，「山寨經濟」的迅速崛起又反向造就了聯發科今日「山寨鼻祖」的輝煌地位，這也凸顯了兩岸產業鏈的另類整合，甚至可以挑戰西方的手機品牌霸權。聯發科能高姿態在此市場遊走，與其掌握關鍵IC設計能力有關外，強力支援、快速替客戶量身訂做，滿足客戶需求等因素，絕對是聯發科的核心能耐。

　　換個角度來看，能鍛鍊出聯發科如此金剛不壞之身，主要仍是山寨機的特性講求速度與彈性，面對數以百計的競爭對手，山寨機某方面同樣講求產品升級與差異化，而若晶片平台無法提供方案商量身訂做的產品，無法即時替客戶修改所需的方案，也無法造就今日山寨機蓬勃發展的榮景。此外，聯發科口碑已成，而山寨產業某方面因地下經濟化而自成一格，外人難窺堂奧，也是讓聯發科在此領域獨大主因。有了聯發科與大陸山寨市場的結合，2008年，諾基亞在中國顯然無法用一帆風順來形容，儘管依然保持了市場第一的位置，但挫折也是顯而易見的，延續多年的成長趨勢被遏制住了，第四季度呈現出罕見的萎縮：季增率下降34.8%，年增率下降36.1%。

諾基亞自進入中國市場以來，幾乎每隔一段時間就會遭遇本土對手的挑戰，因為在2001年以後，中國手機的銷量榜單前四名，都會出現一些新面孔，這個現象幾乎延續了8年，從2001的波導、2002年的TCL、2006年的聯想、2007年的天宇——「城頭不斷變換大王旗」，可是歷屆的國產手機巨頭，都沒能成長為真正的「大王」就紛紛隕落了，諾基亞在中國市場一直有驚無險。

但是2008年不同於往年，沒有一個明確的對手，卻有一群的山寨手機廠商一直在蠶食廣袤的二、三線市場，對於品牌廠商，山寨手機是2008年最具殺傷力的一個競爭群體，這群讓正規品牌廠商望而生畏的螞蟻雄兵，以低廉的成本和迅速的適應能力馳騁各地。不到1,000元的價格，卻可以將諾基亞頂級奢侈品牌Vertu手機仿造得唯妙唯肖；在北京奧運來臨之時，山寨手機們馬上就推出了福娃手機；當奧巴馬獲選美國總統時，山寨手機廠商們就在手機的背後印上了奧巴馬頭像和「Yes, we can!」……

（一）最上游，最賺錢

數字能夠說明一切，有統計資料顯示，2008年諾基亞在全球銷售了5億台手機，但是山寨手機在中國就達到2.5億部，如果把這些分散在中國各地的幾千家山寨手機看作是一個整體，則這個整體無疑是一個令全球側目的新崛起力量。

事實上，在這鬆散分佈的幾千家山寨手機廠商的背後，確有一個「幕後」推手，那就是為它們提供晶片和解決方案的台灣IC設計大廠，本次科技百強評選的佼佼者——聯發科（本次評選，台灣

第20名）。在這場螞蟻啃食大象的戰役之中，為螞蟻提供「牙齒」的聯發科才是真正的勝者。

　　2008年，聯發科手機晶片出貨2.2億片，相對中國內需2.5億部，聯發科已經佔有了中國手機晶片市場8成以上的佔有率，迫於形勢壓力，大大小小的中國品牌手機廠商也開始全面採用聯發科的晶片，有預計認為，2009年聯發科在內地的出貨量將達到2.5億～3億片。

　　規模優勢已經顯現，絕對的市場主導地位，讓以前對聯發科的「山寨」晶片不屑一顧的諾基亞、摩托羅拉和三星也不得不考慮是否要借助聯發科的晶片來降低成本。而規模也使得聯發科向上的溢價空間已經打開，聯發科進入了正向的加速成長通道之中。

　　4月29日，聯發科公佈的第1季營收報告顯示，聯發科獲得營收7.11億美元，在蕭條期逆勢獲得了23.4%的年成長率，尤為值得關注的是，聯發科一季度獲得2.08億美元的淨利潤，較去年同期獲得了73.7%的大幅增長，毛利率較去年同期增長4%，達到56.1%，存貨週期則下降到了39天。聯發科總經理謝清江認為，受內地市場強勁需求的拉動，聯發科手機晶片出貨量將繼續保持成長趨勢。

　　毋庸置疑的是，聯發科的逆勢成長，離不開整個內地手機市場的爆炸式增長，但是整個市場的啟動，卻絕非聯發科一家上游廠商能夠憑一己之力來實現的。

（二）成功的機緣

　　在聯發科剛成立無線晶片部門時的2001年，全球手機產業鏈還處於封閉狀態，幾乎全部的技術和專利，從端到端掌控在諾基

亞、愛立信、德州儀器等少數幾家巨頭手中，產業鏈還沒形成，行業缺乏活力和有效競爭，整個行業的集中度和封閉程度是如此之高，以至於新進廠商要付出非常高昂的入門成本，而占壟斷地位的國際巨頭們一直努力維持住這個舊的體系，以保持對市場的繼續統治。

垂直到底的聯盟在2001年以後開始鬆動，從愛立信等企業內部衍生出來的Wavecom公司，就利用自己的技術，生產手機的半成品——GSM模組，然後銷售給中國廠商，這使得像TCL這樣原本只做消費電子的廠商一下子切入手機市場，並迅速登上了國產手機龍頭的寶座。2002年，手機市場出現分段專業化的分工合作雛形，儘管壟斷者依然很強大，但由於技術擴散加速，Wavecom不久就優勢不再，GSM模組因成本高企而被Bellwave等韓國設計公司推出的整體解決方案所取代，中國廠商波導因為成功引入了兩款外觀新穎，成本低廉的韓國手機而迅速崛起，成為新一代國產手機之王，手機市場又進入「韓潮」主導的新次序中。到了2004年，台灣和內地的手機設計公司紛紛崛起，這時，聯發科切入手機晶片市場已有3年，並成功開發了MTK手機基帶晶片。利用其出色的晶片整合能力，聯發科將手機的通話功能和多媒體功能整合到了一個晶片上，這使得原來基於雙晶片的底層解決技術變得沒有價值，韓國設計公司也因此而被淘汰了，韓式手機＋密集銷售的波導由此一蹶不振。但是，如聯想這樣最早接受MTK晶片實現低成本生產的中國廠商，卻獲得了新的發展機遇，聯發科也借這些廠商進入了一個新的發展平台。

和其他高高在上的上游晶片廠商不同，貼近並洞悉消費市場成了聯發科關鍵而有效的戰略，在手機晶片上的做法，也是其在CD-ROM和DVD晶片市場戰略的延續。

　　2005年，針對大量內地手機廠商缺乏研發能力的狀況，聯發科推出了能夠將手機研製週期縮短至三個月的「傻瓜型」輔助方案，這一舉措，成了非常關鍵的一步，也啟動了整個山寨機市場。

　　有興趣參與手機業競爭的新進入者，只要有資金，加上聯發科的支持，就能迅速獲得成功。2002年成立的天宇朗通，在2006年底和聯發科簽訂深度合作協議之前幾乎「一無所有」。

　　2006年，聯發科直接在其公司派駐了研發人員，2007年天宇朗通就做到了國產手機市場第一，2008年，天宇朗通對外宣佈銷售手機2,400萬部。但是接下來天宇朗通卻陷入了一個「去山寨化」的尷尬境地。和聯發科合作顯然是一條走向成功的捷徑，但是由此帶來的山寨定位：沒有核心技術，缺乏品位和個性以及由此對品牌產生的負面影響卻是揮之不去的。另外，天宇朗通之前賴以成功的低價與高性能優勢，卻因為其規模的擴大而日漸消失。

　　山寨手機沒有售後服務據點和分銷團隊的開支，沒有品牌宣傳和市場推廣的費用支出，庫存壓力也很小，但是這些都是做大以後的天宇朗通所必須負擔的成本，以不開工廠、不開店的「輕資產」方式打敗波導、聯想之後，身形漸漸變重的天宇朗通，又要面對以同樣方法與之競爭的其他中小山寨廠商的挑戰。

（三）上游廠商的下游推動

　　現在，手機研發作為一個複雜體系從此不復存在，手機業的高門檻也就沒有了。而上游的開發，被聯發科發揮到了極致，晶片結合的功能越來越強大，生產手機也已經簡單到了不能再簡單。晶

片功能的完善，使得手機產品的性能日漸趨同，下游競爭者也因此被迫集中力量於表層應用開發，竭盡所能在外觀和功能上實現突破，才能打開市場。縱向一體化徹底被分段專業化取代。

市場真正啟動也就3年，2006年，聯發科的手機晶片的出貨量才突破1億片，但是聯發科切入市場已經有5年時間。聯發科董事長蔡明介認為，聯發科積極介入移動通信領域，而且希望切入的時間越早越好，但是切入時間越早，挑戰也就越大，本身的能力不足是主要原因，但是環境因素的變化也是越來越重要。因為在移動通信行業發展的早期，整個亞洲的競爭力都不強。

新摩爾定律的創立者傑佛瑞·摩爾在他的《龍捲風暴》一書中說：「如果你只是一味地開闢前沿市場，在機會真正來臨的時候，你的資源已經耗盡了。」比較明顯的是，在市場處於極度不穩定的階段，也即是「S型競爭曲線」還處於早期階段時，聯發科早早地介入進去並不是為了去開闢所謂前沿市場，聯發科知道自己在這一階段尚沒有辦法和真正掌握核心的歐美公司競爭，但是早早介入可以不斷穩固自己在手機產業鏈上的基礎，以及為產業進入風暴市場做好足夠的戰鬥準備。

在市場的風暴即將啟動但是還未真正啟動的時候，聯發科才開始全面介入。

聯發科的市場推動能力尤為顯著，這已經超出了一半上游晶片廠商所具有的力量。在消費級DVD市場，所有的內地碟機廠商競爭到無錢可賺，新科、先科、步步高這些玩家到最後都不得不淡出DVD市場，但是毫無疑問的是，DVD的整個市場蛋糕卻被迅速做大了。聯發科給所有終端廠商提供簡單易用、廉價的晶片和解決方案，慫恿無數的資本進入這個消費市場，極度競爭把終端產品的

價格拉到了最低，整個消費市場由此真正活躍了起來。這時，某一個和聯發科緊密合作的終端廠商最後能不能賺錢也許已經不再重要，因為此時，S型競爭曲線已經進入到平滑狀態，而聯發科也在其中佔有了最大的市場佔有率。

　　在手機市場，完全複製了聯發科在DVD的市場運作手法，有所不同的是，2008年的經濟危機讓很多手機代工廠處於代工量嚴重不足狀態，這為很多山寨機廠商提供了難得的廉價製造機會，而這些代工大廠的生產線上製造出來的廉價產品，也最終推動了整個山寨手機市場的崛起，從這個角度看，經濟危機成就了聯發科，使得其和所有台灣晶片設計公司不同，獲得了一個完全逆經濟週期的發展，以及一個全新的藍海市場，凸顯了另類的兩岸產業整合，其威力足可挑戰任何一個西方品牌霸權。

二、未來山寨路在何方？走向品牌！

（一）山寨市場已成紅海

　　山寨市場變成紅海，似乎是一種註定的悲劇宿命，因為山寨機本來就是靠破壞市場價格、超低成本起家，以及在價格越來越低、加強功能卻更多的狀況下生存著，甚至可以說，山寨市場，其實就是紅海市場。另一方面，據統計，2008年山寨機的生產量已超2億台，僅增值稅一項，大陸國家就損失數百億元的稅收。而山寨機的低廉價格正是建立在逃避入網檢測費用、增值稅等費用基礎上，這是導致大陸國產品牌手機市場佔有率不斷縮小的重要原因。

但是不合法的山寨機已經越做越大，產業鏈越來越成熟，同時潛在的用戶也越來越多，一味的打壓已經不太現實。在今年的深圳政府「兩會」上，首次出現引導山寨機走入品牌經營的議題。但如何引導山寨機，如水滸傳的英雄好漢般，接受「招安」或「從良」，仍然需要執事者的智慧、與市場的殘酷選擇來決定。

2009年6月，號稱山寨大本營的深圳華強北市場依然火熱，但是20公里之外的寶安區，也就是山寨手機的生產製造基地，卻是另一幅蕭瑟之景，緊閉的廠區大門，破損的門窗、零星散落在外的設備……繞著寶安走上一圈，這樣倒閉的山寨機工廠不勝枚舉。山寨手機銷售火熱的另一頭，山寨廠商卻在寒冷無比的冬天裏煎熬。

「僅去年末到現在，就有上百家工廠關門，沒有辦法，這就是山寨的江湖。」在深圳手機業浸淫多年的一位山寨老闆說。

其實，山寨機出貨價一跌再跌，相應的需求量卻趨於飽和，還要承受許多不確定因素的影響，再這樣下去，微利變成無利甚至虧損已經是必然趨勢，是堅守陣地還是另謀出路，這個問題一直困擾深圳諸多的山寨廠商。

早在2003年，國內的手機產業正在起步階段，到處充斥著暴利，那時，一款國產手機的廠商利潤可達上千元，大廠商一年下來能獲得10多億元的淨利潤，收入上億元的經銷商比比皆是，整個市場為之瘋狂。在暴利的誘惑下，「山寨機最瘋狂的時代」開始了。山西的煤老闆、江浙的服裝商、各地的房產大亨，這群積攢了大把熱錢的人都把目光轉向手機製造，讓深圳及周邊的手機廠商從2005年的300家陡然升至2006年的上千家，逐漸形成了以深圳為核心的山寨機產業集群。

　　深圳調查公司山脊諮詢的資料顯示，2006年底至2007年上半年，山寨機出貨量每月高達1,200萬部。雖然單機利潤已降至百元以下，但憑藉急速增長的出貨量，廠商仍可以維持自己的暴利神話。不過，瘋狂之後便是痛苦的回歸。2007年末，沿襲多年的手機「牌照制」正式取消，越來越多的山寨機廠商取得了合法身份，但他們並沒有放棄對山寨利潤的追逐，「白天生產品牌機，晚上大幹山寨機」的現象屢見不鮮。加上盲目入市者不減，市場需求趨於飽和，山寨機的暴利時代終於走到盡頭。

　　據非正式統計，2007年，山寨機產量約1億～1.5億部之間。而調查公司易觀國際發佈的資料顯示，2007年大陸國內手機的總銷量就約為1.49億部，不難看出，山寨機的產量，已大大超過了市場承載的極限。

　　於是，名噪一時的「山寨機王」中天通訊幾近停產，曾經助推山寨機發展的集群和協同效應轉眼變成殘酷的惡性競爭，一切都延續著中國製造業的宿命。自2008年開始的價格戰，最後把單機利潤拉低到個位數。大家已經意識到，這個行業已難再有利可圖。於是，每天都有人退出這片紅海，另謀生路。而且手機即將進入3G時代，對於山寨機未來前途是福是禍？還有爭議。

　　儘管3G牌照還沒發放，但針對其背後的激烈角逐已經展開。從目前的經濟形勢看，2G手機終端市場受全球經濟危機衝擊的影響比較大。而終端廠商的市場策略，即在多大程度上爭取定制終端的佔有率，也部分程度上決定了3G這塊大蛋糕的分割比例。業內人士分析，3G牌照沒有立即發放，很大程度上就是在為大陸國產手機廠商贏得更多的時間，讓他們更好地穩定技術。「從現在的情況看，國產廠商應該更容易進步，因為他們可以從消費者的回饋中

總結經驗。」但隨著諾基亞、摩托羅拉、索尼愛立信的介入，國外廠商的陣營會更加強大。在中國移動宣導的TD方面，大陸國產手機數量佔據多數。在中國聯通主導的WCDMA方面，國外品牌則佔據統治地位。一旦3G牌照下放，3G手機市場的價格戰也將隨之爆發，對於在價格方面競爭力不是很足的國產手機來說，競爭壓力會更大。但另一方面這也是山寨手機的機會，因為他們更靈活更快。

例如，山寨精神的最新試驗場——小筆電。當然，也有先行者已經轉投山寨筆電（以下簡稱山寨本）行業，不過，他們能否複製在山寨手機的成功還不是很確定。但在山寨手機成為一片紅海之後，投機性的現實主義山寨精神能在「小筆電」（大陸又稱「上網本」）中，重新找回一席之地嗎？

來自山脊諮詢的調查顯示，2008年下半年以來，僅深圳的山寨本廠家已過百家，其中相當一部分是來自山寨機廠商的轉投者，他們生產的山寨本已現身華強北各大商場。

最近山寨本的生意很不錯，每天都能賣出兩三台，有華強北做山寨本的商鋪老闆這樣說。「當初，山寨機不也是沒人買麼？從開始賣BP機到MP3，再從山寨機到MP4，MP5，都是如此，山寨本一定可以複製山寨機的神話。」不過，也有不樂觀者不認同這樣的觀點，雖然英代爾和威盛作為方案提供商已經大大降低了技術門檻，不過在其他方面，山寨本還要面臨更多挑戰。首先，沒有一個像聯發科一般的「一站式」解決方案。雖然英代爾DesignHouse和威盛GMB聯盟提供了技術和產品支援，但卻未能將相應的設計平台、開發工具完全向終端廠商開放，更沒有技術人員深入用戶端，

為客戶隨時發現問題，解決問題。所以，山寨廠商不能很好地發揮其靈活性，導致白牌廠商仍牢牢把控這一市場。

剛剛結束的首屆小筆電高峰論壇便是最好的佐證，原本預定了300人的會場硬是擠進了500人。然而，即便標榜著「農業學大寨，工業學山寨」，會場上去難以看到山寨玩家的身影，白牌廠家得以在這裏講經佈道，互通有無，尋覓商機。會上，長城電腦整機事業部總經理羅福明指出了山寨本的致命傷：「品牌和山寨價格相差控制在25%以內，消費者一定會選擇品牌。不過400元的差距，就能買來山寨沒有的各種服務。在這點上，消費者肯定不差錢。」可見，品牌商早已摸清山寨本底細。

其次，山寨本廠商已難以獲得更大的利潤空間。

一方面，電腦產業的上游壟斷性非常強，但是又缺乏像聯發科這樣的革命者，但相對聯想、華碩這樣大廠來說，山寨本廠商拿貨量較少，英代爾、威盛這樣的上游廠家也不會給予很大的折扣，再加上各種主要硬體的價格非常透明，很難像山寨機一樣從中尋出輾轉騰挪的空間。另一方面，PC全行業利潤率不高，做一款Atom處理器的上網本，成本在1,600元左右，出廠價格也就在1,700～1,800元之間，根本無法再現山寨機早年30%以上的利潤率，也只能比目前的山寨機利潤率高出兩個百分點而已。而在市場規模上，山寨本更無法與山寨機相提並論。每年中國的山寨本銷量不過百萬級別，與山寨機相比已經差了兩個數量級。

銷量有限，利潤率不高，與品牌廠商競爭激烈，還能留給山寨本廠商的利潤空間自然寥寥無幾。山寨本也許很難再現山寨機的盛世，它並非另一片真正的藍海。

（二）山寨精神不死，只是選擇從良和招安！

　　2009年上半年，深圳人大和政協會議似乎讓山寨業者看到了另一種希望。」會議期間，深圳市長政府工作報告中明確提出要規範引導山寨產品提升品牌，轉型升級，走模仿開放創新的路徑，極力推崇這一政策的便是深圳市政協常委、市社科院院長樂正。

　　在他看來，「山寨」其實只是個中性詞，不妨把山寨產品理解為自主創新的初級產品，草根市場的自有品牌。即便其中魚龍混雜，只要做到有保有壓，就可以規範山寨產業健康發展。客觀地看，山寨的崛起反映出深圳加工製造業在新技術、新產品模仿方面的敏捷製造能力，推動了國內電子市場的規模化發展，並帶動了一大批上下游產業的發展，為深圳打造全球資訊製造業的基地，貢獻了很多力量。

　　「再回頭看看世界500強的歷史，多多少少都有過落草的經歷。對於我們的山寨廠商，也要積極引導，讓其成為推動主流經濟發展的健康力量。」樂正認為，要加快對山寨廠商的招安，就要幫助它們克服創新技術缺失、資金拓展缺失和自有品牌缺失等升級轉型的多重障礙。

　　但是一個關鍵問題是，山寨廠商通常都是中小企業，規模較小，自身並無能力獨立進行技術創新和產品研發，技術層面的升級轉型不易實現。

　　樂正建議，由政府引導，為山寨廠商搭建技術開發、試驗、推廣及產品設計、加工、檢測等公共技術平台，幫助節約中小企業

購置設備與軟體的巨額資金，利用與共用公共技術支援系統，有效地降低技術升級、技術創新成本，提高他們技術創新的動力。

同時，採取提供品牌推廣資助和展會租金補貼等多種形式，吸納山寨廠商參加各類商品推介會、展銷會和投資洽談會，支持企業在大陸國內和深圳重要賽事和文化活動中冠名、促銷，提升深圳企業知名度、打響和推廣深圳本土品牌。

現在，著名的山寨機品牌「酷派」剛剛得到福田區的資金扶持，已成功走出了山寨陣營。工信部下屬的南方手機檢測中心也開始在深圳運作，不僅刪減了繁複的檢測項目，還將檢測費用下調了33%⋯⋯

「但我更願意退出現有的山寨生意，去尋找另一個江湖。」一位不願具名的山寨老闆依然堅持他的山寨精神。當然，這種不服教化並非刻意作對，只是理念的不同，而且在中國大陸特殊的經濟環境下，中小企業出身山寨並不可恥，可恥的是，陣亡在山寨之中。

不過，可以篤信的是，即便深圳所有的山寨廠商都變成了品牌企業，山寨的精神在大陸卻不會因此陣亡，只不過會換一個行業或者換一個城市來體現、或是同時會選擇「招安」或「從良」（「招安」就是投入經營品牌、「從良」就是退出市場）。

山寨精神不死，因為山寨觀念的核心，其實在周星馳電影《功夫》裏，說的很清楚，電影中有一幕，火雲邪神徒手接住一顆流氓發射的子彈後，若有所思深沉地說了他的功夫不敗哲學：「無堅不破，唯快不破」。這種功夫哲學觀念，李小龍也曾經提倡過，因為在速度面前，所有武術的內功和招式都被放在了次要的位置。這種理論在現實上，已經被山寨精神運用的淋漓盡致，因為在眾多

山寨王的心裡，最快速呼應消費者的需求，擊敗對手的最佳手段就是「快」字訣，所以山寨精神不死，只是會換一個形式一直存在著。

三、山寨積極進步的時代意義

從以上人類歷史分析的案例與發展經驗看出，任何一個發展中的國家、社會、企業，甚至個人，都脫離不了山寨精神的發揚，所以，出身山寨並不可恥，尤其中國企業在特殊的時空背景之下，沒有山寨精神很難生存壯大，但是，可恥的是，捨去了山寨中的創新因子、二次發明，而一昧的追求「短、平、快」的獲利模式，無法自拔，那就不能說是山寨精神，相反的，就如西方人所言，是抄襲、是強盜行為。

總之，到底是山寨、還是淪為抄襲？最大的區分，就在於是否有加入自己的創新元素，成為一種「二次發明」，就好像金庸小說有兩項武功絕學，剛好就很能夠描述山寨精神中，從模仿而到創新的心法，這兩項武功分別是在金庸小說《倚天屠龍記》中，張三豐面臨強敵，臨危傳授張無忌的太極拳，以及《天龍八部》中，段譽誤打誤撞學成的北冥神功。前者，張三豐傳授張無忌的太極拳，心法精要在於「忘記了嗎？」，等到張無忌將張三豐傳授給他的太極拳招式全部都忘記時，張三豐才認為他練成了太極拳。這應用在山寨精神，意思就是要先模仿打好基本功，最後奠定雄厚的基礎後，讓自己重新歸零，醞釀出更好的武功。

不過，所謂重新歸零，指的是一種心態與商業模式的調整，而不是放棄過去的基礎，因為只有依靠過去累積的基礎，才有能力

一切看著辦，就像張無忌也要有先前練的「九陽神功」作為強大內力做基礎，才能讓「見招拆招」的太極拳更強大。後者，闖上海灘必練的金庸小說武功，就是天龍八部段譽的「北冥神功」，這種神功最神奇的地方，就是可以吸收別人的功力，內化成自己的功力，這種武功應用到商場上，就是所謂的「整合」。現在的中國商場，就像段譽當時面對的武林一樣，北喬峰、南慕容，還有四大惡人、函谷八友，可以說山頭林立，要想在這樣殘酷、弱肉強食的世界生存，只有學會引別人的力量為己用，這也是山寨精神。

以段譽而言，可以說是金庸小說天龍八部情節中，一開始武功最差的，就像現在很多做小生意的中小企業一樣，但他有個好習慣，就剛好搭配他北冥神功的特性，值得台商學習。段譽這個好習慣，就是喜歡「結拜」，有機會就到處認人作兄弟，他兩個結拜兄弟，一個是喬峰，當時就已經是丐幫幫主，後來又發生一連串戀愛與種族認同問題。與他結交，讓段譽也可佔據一點當時武林新聞的版面，打打知名度，同時也跟社會主流站在一起。另一個則是虛竹，後來成為靈鳩宮宮主、西夏國的駙馬，用現代的眼光來看，虛竹就像是在網路界或線上遊戲產業暴起的年輕電子新貴，段譽與他結拜，簡直就是古代版的異業結合、策略聯盟。有了這兩個兄弟相挺，段譽即使花心一點，大家對他的批評也會保留些。

闖上海灘必練金庸武俠小說這兩項武功妙喻山寨精神的背後，其實融合了許多辛酸與努力，但熟悉山寨精神、中國式管理「見招拆招」、一切看著辦，以及活用整合的力量，或許確實已經道盡闖中國商場的成功之道。基本上，在中國，就要有中國式的管理，何謂中國式的管理？就是「一切看著辦！」事實上，中國改革開放的總設計師鄧小平，也是心領神會這一點，才會提出要「摸著

石頭過河」，後來中國前領導人江澤民又提出要「與時俱進」，其實都是相同的心法。

畢竟，大陸市場是一個相當獨特的市場，這世界上沒有一個經濟學家，敢誇口可以描述這個市場的全貌，唯一可以確認的，是中國這個市場，與印度一樣，將會是未來全世界最重要的市場，因此，全球最棒的外資與企業，都要進入這個市場，面對這樣的競爭，沒有國營企業這樣雄厚基礎的大陸中小企業，應該如何發展？答案當然是山寨精神！

中國的市場有多獨特？「中國上海一百年前就有最現代化的馬桶，但直到二十一世紀的今天，鄰近郊區農村卻仍可看到十九世紀沒有門的茅坑」，大陸未來整體發展，將會有很長一段時間，呈現這樣矛盾又發展的局面。即使是現在二十一世紀的大陸城市，城市現代化的馬路上，驚鴻一瞥，仍會看到價值非凡的賓士轎車與用驢拉的車並列，這種很後現代的畫面。其實，這就象徵未來大陸的發展，是跳脫所有經濟工業發展先第一產業、第二產業、而後第三產業的思維，而是所有產業同時存在、同時發展，也就是大陸產業在努力發展載人太空船高科技的同時，也在努力學習如何造更現代化馬桶的技術。

而且大陸市場越來越競爭之後，商業市場社會缺乏一個「導師」及明確的價值方向，每個人都急需要一盞明燈，照出未來該走的方向，所以，大陸目前有關新思維的事物，比如《誰搬了我的乳酪》，賣的非常「火」，而國外、台灣以「知名企管專家」做包裝的書籍，賣的更是好，這突顯在一個沒有英雄、導師的年代，大家都更渴求知道，未來如何走才正確？這世界一切都變的太快，每個人都不知道未來會怎麼變，以前總認為「大我與小我是衝突」，發

展團體就必須壓抑自己，但現在一切都變了，每個人只有發展自己、追求自我才有機會，而在這一切都不確定的年代中，如果能知道未來一個發展的趨勢，至少就可以比別人有更多的機會，而不會被淘汰。

　　所以，對於新思維的東西，大陸民眾才會如此著迷，這也推進的山寨文化產品在大陸的風行，例如汽車、手機、筆電，過去只有有錢人才能擁有，但在有山寨之後，小白領、工人、農民，也可以享受到這些設備，縮短與城市有錢人的生活落差，更重要的是，縮短了數位的差距，不因為貧窮，而喪失學習與建立外界通訊聯絡的機會。

　　事實上，已在北京經營八年的林姓台商則說，了解更多資訊，研判未來發展的趨勢，真的很重要，因為，以前台商在大陸賺錢的行業，如傳統製造業、房地產、餐飲小吃業，目前在大陸本土人士的競爭之下，利潤已經越來越薄，以前在這些行業賺錢的台商老闆，許多人現在都已經虧的哇哇叫。所以，了解何謂山寨精神，加入這一場將來發展的趨勢大浪潮，不僅使個人可以從中找到自己的市場利基，也可以在讓自己在大時代的發展趨勢中，避免被淘汰，同時為自身找到最佳的定位獲致成功。

　　從以上的歷史分析，可以說山寨精神影響大陸的，是全方位思維的模式，也可以說是中國前領導人江澤民所說過的要「與時俱進」，「以發展大局為重，在原則上的問題堅持，非關原則的問題，可以放一放」，所欲彰顯的，即是大陸中小企業山寨文化中的「務實」、「靈活」與「秀」。中國現在各地方政務的重中之重，就是推進現代化建設，所以，只要是好的東西，大家都爭相模仿，這當然也會有所流弊，例如，作者走過許多大陸城市，發

現一個特殊有趣的現象，有大陸經濟首都之稱的上海，其城市出現新的地標或措施，通常不久大陸其他城市也會跟進，例如，上海有南京路步行街、有東方明珠電視塔、有人民廣場，許多大陸城市也就跟著設立步行街、興建電視塔與廣場。另外，上海喜歡搞「國際論壇秀」，擴大上海國際能見度，大陸其他城市也就充分發揮山寨精神，依樣畫葫蘆，例如昆明搞「園藝秀」，大連「時裝秀」，武漢「光谷秀」，長沙「電視秀」，深圳「高科技秀」，還有珠海的「航天秀」等。

總之，山寨精神在大陸的實質影響力，不僅僅是硬體方面，還有許多「思想解放部分」，最明顯的例子，就是要模仿就要模仿最好的，做事不能只重內在實力，更要重外在形象與宣傳，因為「站在巨人的肩膀上，可以看的更高、更遠」！

而且，事實上，從前文山寨精神在美日韓台之經濟科技發展歷史上，曾經出現過的考據，我們可知山寨精神並非中國所獨有，而是全世界人類的共同遺產，就像中國人發明的火藥、指南針、印刷術，傳到歐洲，歐洲人對此加以改良，「二次發明」，間接促成歐洲歷史的重大改變，如航海大發現等。所以說，山寨出身本身並不可恥，一如英國工業革命時期的德國製造也曾廣受詬病；二戰後日本製造，當年在美國人眼裏也不那麼受歡迎，直到上世紀90年代中期，韓國製造在中國也不那麼入流，但曾幾何時，他們現在都成為是工業精良產品的誕生地，因此，山寨不可恥，丟臉、可恥的是百分百的完全抄襲與模仿，沒有加入自己的創新元素，真正山寨精神積極進步的時代意義，應該是一種在模仿基礎上，加上「在地草根創新元素」、符合「在地智慧」的「二次發明」。

國家圖書館出版品預行編目

山寨經濟大革命：模仿為創新之母 / 彭思舟
、許揚帆、林琦翔著. -- 一版. -- 臺北市
：秀威資訊科技, 2009. 08
面；　公分. --（社會科學類；PF0040）
BOD版
ISBN 978-986-221-278-3（平裝）

1.無線電通訊業　2.行動電話　3.產業發展
4.中國

484.6　　　　　　　　　　　　98004029

社會科學類　PF0040

山寨經濟大革命
── 模仿為創新之母

作　　　　者 / 彭思舟　許揚帆　林琦翔
發　行　人 / 宋政坤
執 行 編 輯 / 藍志成
圖 文 排 版 / 鄭維心
封 面 設 計 / 李孟瑾
數 位 轉 譯 / 徐真玉　沈裕閔
圖 書 銷 售 / 林怡君
法 律 顧 問 / 毛國樑　律師
出 版 印 製 / 秀威資訊科技股份有限公司
　　　　　　台北市內湖區瑞光路583巷25號1樓
　　　　　　電話：02-2657-9211　傳真：02-2657-9106
　　　　　　E-mail：service@showwe.com.tw
經　銷　商 / 紅螞蟻圖書有限公司
　　　　　　台北市內湖區舊宗路二段121巷28、32號4樓
　　　　　　電話：02-2795-3656　傳真：02-2795-4100
　　　　　　http://www.e-redant.com

2009 年 8 月　BOD 一版
定價：250 元

・請尊重著作權・
Copyright©2009 by Showwe Information Co.,Ltd.

讀　者　回　函　卡

感謝您購買本書，為提升服務品質，煩請填寫以下問卷，收到您的寶貴意見後，我們會仔細收藏記錄並回贈紀念品，謝謝！

1.您購買的書名：＿＿＿＿＿＿＿＿＿＿＿＿＿＿＿＿

2.您從何得知本書的消息？

　　□網路書店　　□部落格　　□資料庫搜尋　　□書訊　　□電子報　　□書店

　　□平面媒體　　□ 朋友推薦　　□網站推薦　□其他＿＿＿＿＿

3.您對本書的評價：(請填代號　1.非常滿意 2.滿意 3.尚可 4.再改進)

　　封面設計＿＿＿　版面編排＿＿＿　內容＿＿＿　文/譯筆＿＿＿　價格＿＿＿

4.讀完書後您覺得：

　　□很有收獲　　□有收獲　　□收獲不多　　□沒收獲

5.您會推薦本書給朋友嗎？

　　□會　　□不會，為什麼？＿＿＿＿＿＿＿＿＿＿＿＿＿＿＿＿

6.其他寶貴的意見：＿＿＿＿＿＿＿＿＿＿＿＿＿＿＿＿＿

＿＿＿＿＿＿＿＿＿＿＿＿＿＿＿＿＿＿＿＿＿＿＿＿＿＿

＿＿＿＿＿＿＿＿＿＿＿＿＿＿＿＿＿＿＿＿＿＿＿＿＿＿

＿＿＿＿＿＿＿＿＿＿＿＿＿＿＿＿＿＿＿＿＿＿＿＿＿＿

讀者基本資料

姓名：＿＿＿＿＿＿＿＿＿＿　年齡：＿＿＿＿　性別：□女 □男

聯絡電話：＿＿＿＿＿＿＿＿　E-mail：＿＿＿＿＿＿＿＿＿＿

地址：＿＿＿＿＿＿＿＿＿＿＿＿＿＿＿＿＿＿＿＿＿＿

學歷：□高中(含)以下　　□高中　　□專科學校　　□大學

　　　□研究所(含)以上 □其他＿＿＿＿＿＿＿

職業：□製造業 □金融業 □資訊業 □軍警 □傳播業 □自由業

　　　□服務業 □公務員 □教職　□學生 □其他＿＿＿＿＿

請 貼
郵 票

To：114

台北市內湖區瑞光路 583 巷 25 號 1 樓

秀威資訊科技股份有限公司　　　收

寄件人姓名：

寄件人地址：□□□

(請沿線對摺寄回,謝謝!)

秀威與 BOD

BOD（Books On Demand）是數位出版的大趨勢，秀威資訊率先運用 POD 數位印刷設備來生產書籍，並提供作者全程數位出版服務，致使書籍產銷零庫存，知識傳承不絕版，目前已開闢以下書系：

一、BOD 學術著作—專業論述的閱讀延伸
二、BOD 個人著作—分享生命的心路歷程
三、BOD 旅遊著作—個人深度旅遊文學創作
四、BOD 大陸學者—大陸專業學者學術出版
五、POD 獨家經銷—數位產製的代發行書籍

BOD 秀威網路書店：www.showwe.com.tw
政府出版品網路書店：www.govbooks.com.tw

永不絕版的故事・自己寫・永不休止的音符・自己唱